为什么研究中国建筑

梁思成 著

浙江人民美术出版社

梁思成在测绘善化寺普贤阁斗拱后尾时留影

1929年梁思成与林徽因在沈阳北陵测绘

出版说明

梁思成（1901—1972）是中国古建筑研究与保护的重要先驱者，他在建筑历史、文化遗产保护、城市规划、建筑理论与实践以及建筑教育等诸多领域皆有杰出乃至开创性的贡献，被誉为"中国近代建筑之父"。在梁思成涉猎的众多领域中，贡献最突出的是中国建筑史研究。

"研究中国建筑可以说是逆时代的工作。"梁思成在《为什么研究中国建筑》的开篇如是说。20世纪初期的中国不仅民生凋敝，而且在文化上也一时失去了艺术标准。当时学习西方建筑的梁思成决心"以客观的学术调查与研究唤醒社会"，祈望以个人的努力带动更多的学术和社会的力量，复兴民族之精神。

早在梁思成求学于美国宾夕法尼亚大学时，他一方面接受经典的西方学院式教育，另一方面也在努力思考自己所学对自身民族文化自新的作用。此时，西方建筑史课程为他打开了一扇窗。他看到建筑史不仅是建筑学的知识基础，更是艺术史和文化史的重要组成部分，这使他认识到研究中国建筑史的重要性和必要性。

1925年，梁思成收到父亲梁启超从国内寄来的一部《营造法式》，为他立志研究中国古建筑的设计原理和文化特征、撰写中国建筑史提供了一个重要的参考路径。1931年，归国后的梁思成加入朱启钤创办的中国营造学社，任法式部主任，开始倾力研究《营造法式》这部术语繁杂、文字佶屈聱牙、内容晦涩难懂的"天书"。与研究文献齐头并进的一项非常重要的，也是前人未曾做过的艰巨工作，就是进行中国古建筑调查，并将调查结果与《营造法式》相参照，"以实物为理论之后盾"。

从1932年开始，梁思成和营造学社的同人一起，在社会动荡、物质资料匮乏、交通极其不便的条件下，在不到十年的时间里，对两千余个古建筑项目进行了考察和详细测绘，包括大量的宋、辽、金木构建筑及一批重要的砖石建筑和石窟造像等。这种文献与实地考察测绘相结合的研究方法，为他"破译"《营造法式》提供了最核心的密码，也使他读懂了中国古建筑，获知了中国古代营建技术的"文法"。而他研究中国古建筑的初心——保护文化遗产、复兴国家民族的观念，今天读来依然令人动容："除非我们不知尊重这古国灿烂文化，如果有复兴国家民族的决心，对我国历代文物加以认真整理及保护时，我们便不能忽略中国建筑的研究……这是珍护我国可贵文物的一种神圣义务。"

本书由梁思成先生论中国古建筑的几篇精彩文章汇编而成，其中既有发表于《中国营造学社汇刊》和《建筑学报》的论文，也有为普及建筑文化所写的讲稿和小品文，文笔清新隽永，又配上了梁思成先生的建筑测绘手稿和相关文物摄影照片，宜读宜赏，希望对读者理解中国传统建筑文化有所助益。

另需说明的是，本书所收文章，产生于作者所生活的年代，其中部分字、词、标点的写法及文句的表达与现行标准有所出入。出于保持作品原貌的考虑，本次出版除个别确有必要修改者，其他均未做大的调整，望读者在阅读过程中略加留意。

浙江人民美术出版社
2024 年 8 月

目 录

为什么研究中国建筑

研究中国建筑可以说是逆时代的工作。近年来中国生活在剧烈的变化中趋向西化，社会对于中国固有的建筑及其附艺多加以普遍的摧残。虽然对于新输入之西方工艺的鉴别还没有标准，对于本国的旧工艺已怀鄙弃厌恶心理。自"西式楼房"盛行于通商大埠以来，豪富商贾及中产之家无不深爱新异，以中国原有建筑为陈腐。他们虽不是蓄意将中国建筑完全毁灭，而在事实上，国内原有很精美的建筑物多被拙劣幼稚的所谓西式楼房或门面，取而代之。主要城市今日已拆改逾半，芜杂可哂，充满非艺术之建筑。纯中国式之秀美或壮伟的旧市容，或破坏无遗，或仅余大略，市民毫不觉可惜。雄峙已数百年的古建筑（Historical Landmark），充沛艺术特殊趣味的街市（Local Color），为一民族文化之显著表现者，亦常在"改善"的旗帜之下完全牺牲。近如去年甘肃某县为扩宽街道，"整顿"市容，本不需拆除无数刻工精美的特殊市屋门楼，而负责者竟悉数加以摧毁，便是一例。这与在战争炮火下被毁者同样令人伤心，国人多熟视无睹。盖这种破坏，三十余年来已成为习惯也。

市政上的发展，建筑物之新陈代谢本是不可免的事。但即在抗战之前，中国旧有建筑荒顿破坏之范围及速率，亦有甚于正常的趋势。这现象有三个明显的原因：一、在经济力量之凋敝，许多寺观衙署，已归官有者，地方任其自然倾圮，无力保护；二、在艺术标准之一时失掉指南，公私宅第园馆街楼，自西艺浸入后忽被轻视，拆毁剧烈；三、缺乏视建筑为文物遗产之认识，官民均少爱护旧建的热心。

在此时期中，也许没有力量能及时阻挡这破坏旧建的狂潮。在新建设方面，艺术的进步也还有培养知识及技术的时间问题。一切时代趋势是历史因果，似乎含着不可免的因素。幸而同在这时代中，我国也产生了民族文化的自觉，搜集实物，考证过往，已是现代的治学精神，在传统的血流中另求新的发展，也成为今日应有的努力。中国建筑既是延续了两千余年的一种工程技术，本身已造成一个艺术系统，许多建筑物便是我们文化的表现，艺术的大宗遗产。除非我们不知尊重这古国灿烂文化，如

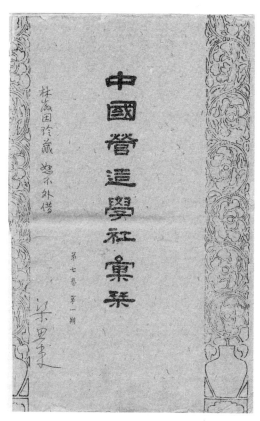

《中国营造学社汇刊》第七卷第一期封面

為什麼研究中國建築

編者

研究中國建築可以說是逆時代的工作。近年來中國生活在劇烈的變化中趨向西化，社會對於中國固有的建築及其附藝多加以普遍的摧毀。雖然對於新輸入之西方工藝的鑑別還沒有標準，對於全國的筆三義，已懷卸事厭惡心理。自"西式樓房"盛行於通商大埠以來，豪富商賈及中產之家無不渴慕新興，以中國原有建築為陳腐。他們雖不是蓄意將中國建築完全毀滅，而在事實上，國內原有很精美的建築物多被拆為幼稚的所謂西式樓房，成門面，取而代之。主要城市今日已拆改逾半，搔殘可哂，充滿非藝術之建築。使中國式之秀美或壯偉的筆市容或破壞無遺或僅餘大略，市民蒙當不覺可惜。雖時已數百年的古建築(historical landmark)，充沛藝術特殊趣味的街市(local color)，為一民族文化之顯著表現者，亦常在"改善"的犧牲之下完全犧牲。近如去年甘肅某縣為讓寬街道，"整理"市容，令不寓拆除無數刻工精美的特殊市屋門樓，而負責者竟忘數加以摧果有复兴国家民族的决心，对我国历代文物加以认真整理及保护时，我们便不能忽略中国建筑的研究。

以客观的学术调查与研究唤醒社会，助长保存趋势，即使破坏不能完全制止，亦可逐渐减杀。这工作即使为逆时代的力量，它却与在大火之中抢救宝器名画同样有急不容缓的性质。这是珍护我国可贵文物的一种神圣义务。

中国金石书画素得士大夫之重视。各朝代对它们的爱护欣赏，并不在于文章诗词之下，实为吾国文化精神悠久不断之原因。独是建筑，数千年来，完全在技工匠师之手。其艺术表现大多数是不自觉的师承及演变之结果。这个同欧洲文艺复兴以前的建筑情形相似。这些无名匠师，虽在实物上为世界留下许多伟大奇迹，在理论上却未为自己或其创造留下解析或夸耀。因此一个时代过去，另一时代继起，多因主观上失掉兴趣，便将前代伟创加以摧毁，或同于摧毁之改造。亦因此，我国各代素无客观鉴赏前人建筑的习惯。在隋唐建设之际，没有对秦汉旧物加以重视或保护。北宋之对唐建，明清之对宋元遗构，亦并未知爱惜。重修古建，均以本时代手法，擅易其形式内容，不为古物原来面目着想。寺观均在名义上，保留其创始时代，其中殿宇实物，则多任意改观。这倾向与书画仿古之风大不相同，实足注意。自清末以后突来西式建筑之风，不但古物寿命更无保障，连整个城市都受打击了。

如果世界上艺术精华没有客观价值标准来保护，恐怕十之八九均会被后人在权势易主之时，或趣味改向之时，毁损无余。在欧美，古建实行的保存是比较晚近的进步。19世纪以前，古代艺术的破坏，也是常事。幸存的多赖偶然的命运或工料之坚固。19世纪中，艺术考古之风大炽，对任何时代及民族的艺术才有客观价值的研讨。保存古物之觉悟即由此而生。即如第二次大战，盟国前线部队多附有专家，随军担任保护沦陷区或敌国古建筑之责。我国现时尚在毁弃旧物动态中，自然还未到他们冷静回顾的阶段。保护国内建筑及其附艺，如雕刻、壁画，均须萌芽于社会人士客观的鉴赏，所以艺术研究是必不可少的。

今日中国保存古建之外，更重要的还有将来复兴建筑的创造问题。欣赏鉴别以往的艺术，与发展将来创造之间，关系若何我们尤不宜忽视。

西洋各国在文艺复兴以后，对于建筑早已超出中古匠人不自觉的创造阶段。他们研究建筑历史及理论，作为建筑艺术的基础。各国创立实地调查学院，他们颁发研究建筑的旅行奖金，他们有美术馆、博物院的设备，又保护历史性的建筑物任人参观，派专家负责整理修葺。所以西洋近代建筑创造，同他们其他艺术，如雕刻、绘画、音乐或文学，并无二致，都是结合理解与经验，而加以新的理想，作新的表现的。

我国今后新表现的趋势又若何呢？

艺术创造不能完全脱离以往的传统基础而独立。这在注重画学的中国应该用不着解释。能发挥新创都是受过传统熏陶的。即使突然接受一种崭新的形式，根据外来思想的影响，也仍然能表现本国精神。如南北朝的佛教雕刻，或唐宋的寺塔，都起源于印度，非中国本有的观念，但结果仍以中国风格造成成熟的中国特有艺术，驰名世界。艺术的进境是基于丰富的遗产上，今后的中国建筑自亦不能例外。

无疑的，将来中国将大量采用西洋现代建筑材料与技术。如何发扬光大我民族建筑技艺之特点，在以往都是无名匠师不自觉的贡献，今后却要成近代建筑师的责任了。如何接受新科学的材料、方法而仍能表现中国特有的作风及意义，老树上发出新枝，则真是问题了。

欧美建筑以前有"古典"及"派别"的约束，现在因科学结构，又成新的姿态，但它们都是西洋系统的嫡裔。这种种建筑同各国多数城市环境毫不抵触。大量移植到中国来，在旧式城市中本来是过分唐突，今后又是否让其喧宾夺主，使所有中国城市都不留旧观？这问题可以设法解决，亦可以逃避。到现在为止，中国城市多在无知匠人手中改观。故一向的趋势是不顾历史及艺术的价值，舍去固有风格及固有建筑，成了不中不西乃至于滑稽的局面。

一个东方老国的城市，在建筑上，如果完全失掉自己的艺术特性，在文化表现及观瞻方面都是大可痛心的。因这事实明显地代表着我们文化衰落，至于消灭的现象。四十年来，几个通商大埠，如上海、天津、广州、汉口等，曾不断地模仿欧美次等商业城市，实在是反映着外国人经济侵略时期。大部分建设本是属于租界里外国人的，中国市民只随声附和而已。这种建筑当然不含有丝毫中国复兴精神之迹象。

今后为适应科学动向，我们在建筑上虽仍同样地必须采用西洋方法，但一切为自觉的建设。由有学识、有专门技术的建筑师担任指导，则在科学结构上有若干属于艺术范围的处置必有一种特殊的表现。为着中国精神的复兴，他们会作美感同智力参合的努力。这种创造的火炬曾在抗战前燃起，所谓"宫殿式"新建筑就是一例。

但因为最近建筑工程的进步，在最清醒的建筑理论立场上看来，"宫殿式"的结构已不合于近代科学及艺术的理想。"宫殿式"的产生是由于欣赏中国建筑的外貌。建筑师想保留壮丽的琉璃屋瓦，更以新材料及技术将中国大殿轮廓约略模仿出来。在形式上它模仿清代宫簥，在结构及平面上它又仿西洋古典派的普通组织。在细项上窗子的比例多半属于西洋系统，大门栏杆又多模仿国粹。它是东西制度勉强的凑合，这两制度又大都属于过去的时代。它最像欧美所曾盛行的"仿古"建筑（Period Architecture）。因为靡费侈大，它不常适用于中国一般经济情形，所以也不能普遍。有一些"宫殿式"的尝试，在艺术上的失败可拿文章作比喻。它们犯的是堆砌文字，抄袭章句，整篇结构不出于自然，辞藻也欠雅驯。但这种努力是中国精神的抬头，实有无穷意义。

世界建筑工程对于钢铁及化学材料之结构愈有彻底的了解，近来应用愈趋简洁。形式为部署逻辑，部署又为实际问题最美、最善的答案，已为建筑艺术的抽象理想。今后我们自不能同这理想背道而驰。我们还要进一步重新检讨过去建筑结构上的逻辑；如同致力于新文学的人还要明了文言的结构文法一样。表现中国精神的途径尚有许多，"宫殿式"只是其中之一而已。

要能提炼旧建筑中所包含的中国质素，我们需增加对旧建筑结构系统及平面部署的认识。构架的纵横承托或联络，常是有机的组织，附带着才是轮廓的钝锐、彩画雕饰及门窗细项的分配诸点。这些工程上及美术上的措施常表现着中国的智慧及美感，值得我们研究。许多平面部署，大的到一城一市，小的到一宅一园，都是我们生活思想的答案，值得我们重新剖视。我们有传统习惯和趣味：家庭组织、生活程度、工作、游息，以及烹饪、缝纫、室内的书画陈设、室外的庭院花木，都不与西人相同。这一切表现的总表现曾是我们的建筑。现在我们不必削足适履，将生活来将就欧美的部署，或张冠李戴，颠倒欧美建筑的作用。我们要创造适合于自己的建筑。

在城市街心如能保存古老堂皇的楼宇、夹道的树阴、衙署的前庭或优美的牌坊，比较用洋灰建造卑小简陋的外国式喷水池或纪念碑，实在合乎中国的身份，壮美得多。且那些仿制的洋式点缀，同欧美大理石富于"雕刻美"的市中心建置相较起来，太像东施效颦，有伤尊严。因为一切有传统的精神，欧美街心伟大石造的纪念性雕刻物是由希腊而罗马而文艺复兴延续下来的血统，魄力极为雄厚，造诣极高，不是我们一朝一夕所能望其项背的。我们的建筑师在这方面所需要的是参考我们自己艺术藏库中的遗宝。我们应该研究汉阙、南北朝的石刻、唐宋的经幢、明清的牌楼，以及零星碑亭、泮池、影壁、石桥、华表的部署及雕刻，并加以聪明地应用。

艺术研究可以培养美感，用此驾驭材料，不论是木材、石块、化学混合物或钢铁，都同样的可能创造有特殊富于风格趣味的建筑。世界各国在最新法结构原则下造成所谓"国际式"建筑，但每个国家、民族仍有不同的表现。英、美、苏、法、荷、比、北欧或日本都曾造成他们本国的特殊作风，适宜于他们个别的环境及意趣。以我国艺术背景的丰富，当然有更多可以发展的方面。新中国建筑及城市设计不但可能产生，且当有惊人的成绩。

在这样的期待中，我们所应做的准备当然是尽量搜集及整理值得参考的资料。

以测量、绘图、摄影各法将各种典型建筑实物做有系统秩序的记录是必须速做的。因为古物的命运在危险中，调查同破坏力量正好像在竞赛。多多采访实例，一方面可以做学术的研究，一方面也可以促社会保护。研究中还有一步不可少的工作，便是明了传统营造技术上的法则。这好比是在欣赏一国的文学之前，先学会那一国的文学及其文法结构一样需要。所以中国现存仅有的几部术书，如宋代李诫《营造法式》，清工部《工程做法则例》，乃至坊间通行的《鲁班经》，等等，都必须有人能明晰地用现代图解译释内中工程的要素及名称，给许多研究者以方便。研究实物的主要目的则是分析及比较冷静地探讨其工程艺术的价值与历代作风手法的演变。知己知彼，温故知新，已有科学技术的建筑师增加了本国的学识及趣味，他们的创造力量自然会在不自觉中雄厚起来。这便是研究中国建筑的最大意义。

（本文原载于《中国营造学社汇刊》第七卷第一期，1944 年 10 月）

中国建筑之两部『文法课本』

每一个派别的建筑，如同每一种的语言文字一样，必有它的特殊"文法""辞汇"。〔例如罗马式的"五范"（Five Orders），各有规矩，某部必须如此，某部必须如彼；各部之间必须如此联系……〕此种"文法"在一派建筑里，即如在一种语言里，都是传统的演变的，有它的历史的。许多配合定例，也同文法一样，其规律格式，并无绝对的理由，却被沿用成为专制的规律的。除非在故意改革的时候，一般人很少觉得有逾越或反叛它的必要。要了解或运用某种文字时，大多数人都是秉承着、遵守着它的文法，在不自觉中稍稍增减、变动。突然违例另创格式则自是另创文法。运用一种建筑亦然。

中国建筑的"文法"是怎样的呢？以往所有外人的著述，无一人及此，无一人知道。不知道一种语言的文法而要研究那种语言的文学，当然此路不通。不知道中国建筑的"文法"而研究中国建筑，也是一样的不可能。所以要研究中国建筑之先只有先学习中国建筑的"文法"，然后求明了其规矩、则例之配合与演变。

中国古籍中关于建筑学的术书有两部，只有两部。清代工部所颁布的建筑术书清工部《工程做法则例》和宋代遗留至今日一部宋《营造法式》。这两部书，要使普通人读得懂是一件极难的事。当时编书者，并不是编教科书，"则例""法式"虽至为详尽，专门名词却无定义亦无解释。其中有极通常的名词，如"柱""梁""门""窗"之类；但也有不可思议的，如"铺作""卷杀""襻间""雀替""采步金"之类，在字典、辞书中都无法查到的。且中国书素无标点，这种书中的语句有时也非常之特殊，读时很难知道在哪里断句。

幸而在抗战前，北平尚有曾在清宫营造过的老工匠，当时找他们解释，尚有这一条途径，不过这些老匠师们对于他们的技艺，一向采取秘传的态度，当中国营造学社成立之初，求他们传授时亦曾费许多周折。

以清工部《工程做法则例》为课本，以匠师们为老师，以北平清故宫为标本，清代建筑之营造方法及其则例的研究才开始有了把握。以实测的宋、辽遗物与宋《营造法式》相比较，宋代之做法、名称亦逐渐明了了。这两书简单地解释如下：

（一）清工部《工程做法则例》是清代关于建筑技术方面的专书，全书共七十四卷，雍正十二年（1734年）工部刊印。这书的最后二十七卷注重在工料的估算。书的前二十七卷举二十七种不同大小殿堂廊屋的"大木作"（即房架）为例，将每一座建筑物的每一件木料尺寸大小列举，但每一件的名目定义、功用、位置及斫割的方法，等等，则很少提到。幸有老匠师们指着实物解释，否则全书将仍难于读通。"大木作"的则例是中国建筑结构方面的基本"文法"，也是这本书的主要部分；中国建筑上最特殊的"斗拱"结构法与柱径、柱高等及曲线瓦坡之"举架"方法都在此说明。其余各卷是关于"小木作"（门窗装修之类）、"石作"、"砖作"、"瓦作"、"彩画作"，等等。在种类之外，中国式建筑物还有在大小上分成严格的"等级"问题，清代共分为十一等；柱径的尺寸由六寸可大至三十六寸。此书之长，在二十七种建筑物部分标定尺寸之准确；但这个也是它的短处，因其未曾将规定尺寸归纳成为原则，俾可不论为何等级之大小均可适应也。[1]

（二）《营造法式》宋李诫著。李诫是宋徽宗

时的将作少监;《营造法式》成书于元符三年（1100
年），刊行于崇宁二年（1103 年），是北宋汴梁宫殿
建筑的"法式"。研究宋《营造法式》比研究清工部
《工程做法则例》又多了一层困难；既无匠师传授，
宋代遗物又少——即使有，刚刚开始研究的人也无
从认识。所以在学读宋《营造法式》之初，只能根
据着对清式则例已有的了解逐渐注释宋书术语；将
宋、清两书互相比较，以今证古，承古启今，后来
再以旅行调查的工作，借若干年代确凿的宋代建筑
物，来与宋《营造法式》中所叙述者互相印证。换
言之，亦即以实物来解释《法式》,《法式》中许多
无法解释的规定，常赖实物而得明了；同时宋辽金
实物中有许多明清所无的做法或部分，亦因《法式》
而知其名称及做法。因而更可借以研究宋以前唐及
五代的结构基础。

宋《营造法式》的体裁，较清工部《工程做法
则例》为完善。后者以二十七种不同的建筑物为例，
逐一分析，将每件的长短、大小呆呆板板地记述。
《营造法式》则一切都用原则和比例做成公式，对
于每"名件"，虽未逐条定义，却将位置和斫割做法
均详为解释。全书三十四卷，自测量方法及仪器说

起，以至"壕寨"（地基及筑墙）、"石作"、"大木作"、"小木作"、"瓦作"、"砖作"、"彩画作"、"功限"（估工）、"料例"（算料）等等，一切用原则解释，且附以多数的详图。全书的组织比较近于"课本"的体裁。民国七年，朱桂辛先生于江苏省立图书馆首先发现此书手抄本，由商务印书馆影印。民国十四年，朱先生又校正、重画石印，始引起学术界的注意。[2]

"斗拱"与"材""分"及"斗口"等则例显示中国建筑是以木材为主要材料的构架法建筑。宋《营造法式》与清工部《工程做法则例》都以"大木作"（即房架之结构）为主要部分，盖国内各地的无数宫殿、庙宇、住宅莫不以木材为主。木构架法中之重要部分，所谓"斗拱"者是在两书中解释得最详尽的。它是了解中国建筑的钥匙。它在中国建筑上之重要有如欧洲希腊、罗马建筑中的"五范"一样。斗拱到底是什么呢？

（甲）"斗拱"是柱以上、檐以下，由许多横置及挑出的短木（拱）与斗形的块木（斗）相叠而成的。其功用在将上部屋架的重量，尤其是悬空伸出部分的荷载转移到下部立柱上。它们亦是横直构材间的"过渡"部分。

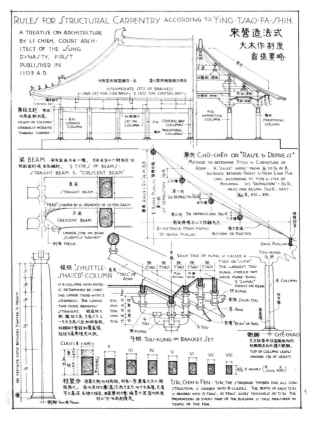

宋《营造法式》大木作制度图样要略

（乙）不知自何时代始，这些短木（拱）的高度与厚度，在宋时已成了建筑物全部比例的度量。在《营造法式》中，名之曰"材"，其断面之高与宽作三与二之比。"凡构屋之制，皆以'材'为祖。'材'有八等（八等的大小）……各以其材之'广'分为十五'分'，以十'分'为其厚"（即三与二之比也）。宋《营造法式》书中说："凡屋宇之高深，名物之短长，曲直举折之势（即屋顶坡度做法），规矩绳墨之宜，皆以所用材之'分'以为制度焉。"由此看来，斗拱中之所谓"材"者，实为度量建筑大小的"单位"。而所谓"分"者又为"材"的"广"内所分出之小单位。它们是整个"构屋之制"的出发点。

清式则例中无"材""分"之名，以拱的"厚"称为"斗口"。这是因为拱与大斗相交之处，斗上则出凹形卯槽以承拱身，称为斗口，这斗口之宽度自然同拱的厚度是相等的。凡一座建筑物之比例，清代皆用"斗口"之倍数或分数为度量单位（例如清式柱径为六斗口，柱高为六十斗口之类）。这种以建筑物本身之某一部分为度量单位，与罗马建筑之各部比例皆以"柱径"为度量单位，在原则上是完全相同的。因此斗拱与"材"及"分"在中国建筑研究中实最重要者。

斗拱因有悠久历史，故形制并不固定而是逐渐改的。由《营造法式》与《工程做法则例》两书中就可看出宋、清两代的斗拱大致虽仍系统相承，但在权衡比例上就有极大差别——在斗拱本身上，各部分各名件的比例有差别，例如拱之"高"（即法式所谓"广"），宋《营造法式》规定为十五分，而"材上加栔"（栔是两层拱间用斗垫托部分的高度，其高六分）的"足材"，则广二十一分；清工部《工程做法则例》则足材高两斗口（二十分），拱（单材）高仅 1.4 斗口（十四分）；而且在柱头中线上用材时，宋式用单材，材与材间用斗垫托，而清式用足材"实拍"，其间不用斗。所以在斗拱结构本身，宋式呈豪放疏朗之象，而清式则紧凑局促。至于斗拱全组与建筑物全部的比例，差别则更大了。因各个时代的斗拱显著的各有它的特征，故在许多实地调查时，便也可根据斗拱之形制来鉴定建筑物的年代，斗拱的重要在中国建筑上如此。

"大木作"是由每一组斗拱的组织，到整个房架结构之规定，这是这两部书所最注重的，也就是上边所称为我国木构建筑的"文法"的。其他如

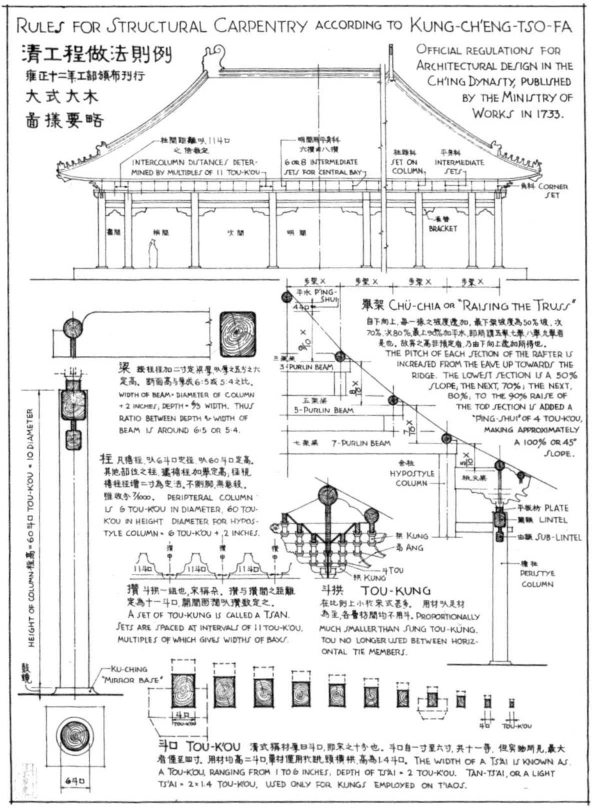
RULES FOR STRUCTURAL CARPENTRY ACCORDING TO KUNG-CH'ENG-TSO-FA
清工程做法則例
雍正十二年工部頒布刊行
大式大木
畫樣要略
OFFICIAL REGULATIONS FOR ARCHITECTURAL DESIGN IN THE CH'ING DYNASTY, PUBLISHED BY THE MINISTRY OF WORKS IN 1733.
INTERCOLUMN DISTANCES DETERMINED BY MULTIPLES OF 11 TOU-K'OU
6 OR 8 INTERMEDIATE SETS FOR CENTRAL BAY
SET ON COLUMN
INTERMEDIATE SETS
CORNER SET
BRACKET
CHÜ-CHIA OR "RAISING THE TRUSS"
THE PITCH OF EACH SECTION OF THE RAFTER IS INCREASED FROM THE EAVE UP TOWARDS THE RIDGE. THE LOWEST SECTION IS A 50% SLOPE; THE NEXT, 70%; THE NEXT, 80%; TO THE 90% RAISE OF THE TOP SECTION IS ADDED A "P'ING-SHUI" OF 4 TOU-K'OU, MAKING APPROXIMATELY A 100% OR 45° SLOPE.
3-PURLIN BEAM
5-PURLIN BEAM
7-PURLIN BEAM
WIDTH OF BEAM = DIAMETER OF COLUMN + 2 INCHES; DEPTH = 6/5 WIDTH. THUS RATIO BETWEEN DEPTH & WIDTH OF BEAM IS AROUND 6:5 OR 5:4.
PERIPTERAL COLUMN IS 6 TOU-K'OU IN DIAMETER, 60 TOU-K'OU IN HEIGHT. DIAMETER FOR HYPOSTYLE COLUMN = 6 TOU-K'OU + 2 INCHES.
HEIGHT OF COLUMN = 60 TOU-K'OU = 10 DIAMETER
HYPOSTYLE COLUMN
PLATE
LINTEL
SUB-LINTEL
KUNG
ANG
TOU
PERISTYLE COLUMN
A SET OF TOU-KUNG IS CALLED A TS'AN. SETS ARE SPACED AT INTERVALS OF 11 TOU-K'OU, MULTIPLES OF WHICH GIVES WIDTHS OF BAYS.
斗拱 TOU-KUNG
PROPORTIONALLY MUCH SMALLER THAN SUNG TOU-KUNG. TOU NO LONGER USED BETWEEN HORIZONTAL TIE MEMBERS.
KU-CHING "MIRROR BASE"
斗口 TOU-K'OU
THE WIDTH OF A TS'AI IS KNOWN AS A TOU-K'OU, RANGING FROM 1 TO 6 INCHES; DEPTH OF TS'AI = 2 TOU-K'OU. TAN-TS'AI, OR A LIGHT TS'AI = 2×1.4 TOU-K'OU, USED ONLY FOR KUNGS EMPLOYED ON T'IAOS.

清《工程做法则例》大式大木图样要略

"小木作""彩画"等，其中各种名称与做法，也就好像是文法中字汇语词之应用及其性质之说明，所以我们实可以称这两部罕贵的术书作中国建筑之两部"文法课本"。

（本文原载于《中国营造学社汇刊》第七卷第二期，1945年）

注　释

1　我曾将清工部《工程做法则例》的原则编成教科书性质的《清式营造则例》一部，于民国二十一年（1932年）由中国营造学社在北平出版。十余年来发现当时错误之处颇多，将来再版时，当予以改正。

2　民国十七年（1928年），朱桂辛先生在北平创办中国营造学社。翌年我幸得加入工作，直至今日。营造学社同人历年又用《四库全书》文津、文溯、文渊阁各本《营造法式》及后来在故宫博物院图书馆发现之清初抄本相互校，又陆续发现了许多错误。现在我们正在作再一次的整理、校刊、注释，图样一律改用现代画法——几何的投影法画出。希望不但可以减少前数版的错误，并且使此书成为一部易读的书，可以予建筑师们以设计参考上的便利。

中国建筑的特征

中国的建筑体系是在世界各民族数千年文化史中一个独特的建筑体系。它是中华民族数千年来世代经验的累积所创造的。这个体系分布到很广大的地区：西起葱岭，东至日本、朝鲜，南至越南、缅甸，北至黑龙江，包括蒙古在内。这些地区的建筑和中国中心地区的建筑，或是同属于一个体系，或是大同小异，如弟兄之同属于一家的关系。

考古学家所发掘的殷代遗址证明，至迟在公元前15世纪，这个独特的体系已经基本上形成了，它的基本特征一直保留到了最近代。三千五百年来，中国世世代代的劳动人民发展了这个体系的特长，不断地在技术上和艺术上把它提高，达到了高度水平，取得了辉煌成就。

中国建筑的基本特征可以概括为下列九点。

（一）个别的建筑物，一般地由三个主要部分构成：下部的台基，中间的房屋本身和上部翼状伸展的屋顶。

（二）在平面布置上，中国所称为一"所"房

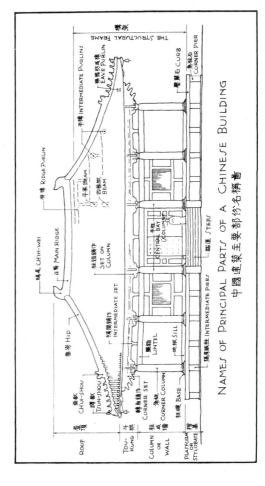

NAMES OF PRINCIPAL PARTS OF A CHINESE BUILDING
中國建築主要部份名稱圖

中国木构建筑主要部分名称图

子是由若干座这种建筑物以及一些联系性的建筑物，如回廊、抱厦、厢房、耳房、过厅等等，围绕着一个或若干个庭院或天井建造而成的。在这种布置中，往往左右均齐、对称，构成显著的轴线。这同一原则，也常应用在城市规划上。主要的房屋一般都采取向南的方向，以取得最多的阳光。这样的庭院或天井里虽然往往也种植树木花草，但主要部分一般都有砖石墁地，成为日常生活所常用的一种户外的空间，我们也可以说它是很好的"户外起居室"。

（三）这个体系以木材结构为它的主要结构方法。这就是说，房身部分是以木材做立柱和横梁，成为一副梁架。每一副梁架有两根立柱和两层以上的横梁。每两副梁架之间用枋、檩之类的横木把它们互相牵搭起来，就成了"间"的主要构架，以承托上面的重量。

两柱之间也常用墙壁，但墙壁并不负重，只是像"帷幕"一样，用以隔断内外，或分划内部空间而已。因此，门窗的位置和处理都极自由，由全部用墙壁至全部开门窗，乃至既没有墙壁也没有门窗（如凉亭），都不妨碍负重的问题；房顶或上层楼板的重量总是由柱承担的。这种框架结构的原则直到

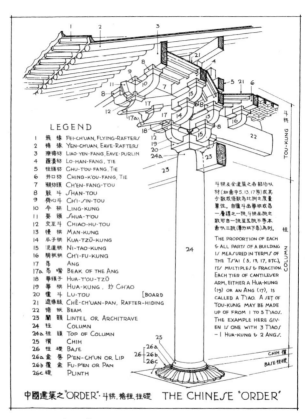

LEGEND

1 飛椽 FEI-CH'UAN, FLYING-RAFTERS
2 簷椽 YEN-CH'UAN, EAVE-RAFTERS
3 撩簷枋 LIAO-YEN-FANG, EAVE-PURLIN
4 羅漢枋 LO-HAN-FANG, TIE
5 柱頭枋 CHU-T'OU-FANG, TIE
6 井口枋 CHING-K'OU-FANG, TIE
7 襯枋頭 CH'EN-FANG-T'OU
8 斝斗 SHAN-TOU
9 齊心斗 CH'I-SIN-TOU
10 令拱 LING-KUNG
11 耍頭 SHUA-T'OU
12 交互斗 CHIAO-HU-TOU
13 慢拱 MAN-KUNG
14 瓜子拱 KUA-TZŬ-KUNG
15 泥道拱 NI-TAO-KUNG
16 闹枓拱 CH'I-FU-KUNG
17 昂 ANG
17a 昂嘴 BEAK OF THE ANG
18 華頭子 HUA-T'OU-TZŬ
19 華拱 HUA-KUNG, 杪 CH'AO
20 櫨斗 LU-TOU
21 遮椽版 CHÊ-CH'UAN-PAN, RAFTER-HIDING [BOARD
22 橑栿 BEAM
23 闌額 LINTEL OR ARCHITRAVE
24 柱 COLUMN
24a 柱 頭 TOP OF COLUMN
25 櫍 CHIH
26 柱礎 BASE
26a 盆唇 P'EN-CH'UN OR LIP
26b 覆盆 FU-P'EN OR PAN
26c 礩 PLINTH

斗拱及全建築之各部均以材(如圖中5.13.17等)或其分數或倍數為比例之度量單位。自疊斗出華拱故名一層疊一跳，斗拱出跳之數可自一跳至五跳不等本圖以三跳(華拱以下昂)為則。

THE PROPORTION OF EACH & ALL PARTS OF A BUILDING IS MEASURED IN TERMS OF THE TS'AI (5, 13, 17, ETC.), ITS MULTIPLES & FRACTION. EACH TIER OF CANTILEVER ARM, EITHER A HUA-KUNG (19) OR AN ANG (17), IS CALLED A T'IAO. A SET OF TOU-KUNG MAY BE MADE UP OF FROM 1 TO 5 T'IAOS. THE EXAMPLE HERE GIVEN IS ONE WITH 3 T'IAOS – 1 HUA-KUNG & 2 ANGS.

中國建築之 "ORDER"·斗拱,簷柱,柱礎 THE CHINESE "ORDER"

中国建筑之"柱式"（斗拱、檐柱、柱础）

34

现代的钢筋混凝土构架或钢骨架的结构才被应用，而我们中国建筑在三千多年前就具备了这个优点，并且恰好为中国将来的新建筑在使用新的材料与技术的问题上具备了极有利的条件。

（四）斗拱：在一副梁架上，在立柱和横梁交接处，在柱头上加上一层层逐渐挑出的称作"拱"的弓形短木，两层拱之间用称作"斗"的斗形方木块垫着。这种用拱和斗综合构成的单位叫作"斗拱"。它是用以减少立柱和横梁交接处的剪力，以减少梁的折断之可能的。更早，它还是用以加固两条横木接榫的，先是用一个斗，上加一块略似拱形的"替木"。斗拱也可以由柱头挑出去承托上面其他结构，最显著的如屋檐，上层楼外的"平坐"（露台），屋子内部的楼井、栏杆等。斗拱的装饰性很早就被发现，不但在木构上得到了巨大的发展，并且在砖石建筑上也充分应用，它成为中国建筑中最显著的特征之一。

（五）举折，举架：梁架上的梁是多层的；上一层总比下一层短；两层之间的矮柱（或柁墩）总是逐渐加高的。这叫作"举架"。屋顶的坡度就随着这举架，由下段的檐部缓和的坡度逐步增高为近屋

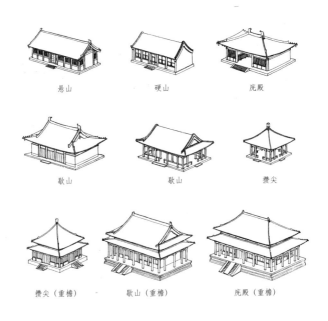

悬山　　　　　　　硬山　　　　　　　庑殿

歇山　　　　　　　歇山　　　　　　　攒尖

攒尖（重檐）　　　歇山（重檐）　　　庑殿（重檐）

中国建筑中常见的主要屋顶形式

脊处的陡斜，成了缓和的弯曲面。

（六）屋顶在中国建筑中素来占着极其重要的位置。它的瓦面是弯曲的，已如上面所说。当屋顶是四面坡的时候，屋顶的四角也就是翘起的。它的壮丽的装饰性也很早就被发现而予以利用了。在其他体系建筑中，屋顶素来是不受重视的部分，除掉穹隆顶得到特别处理之外，一般坡顶都是草草处理，生硬无趣，甚至用女儿墙把它隐藏起来。但在中国，古代智慧的匠师们很早就发挥了屋顶部分的巨大的装饰性。在《诗经》里就有"如鸟斯革""如翚斯飞"的句子来歌颂像翼舒展的屋顶和出檐。《诗经》开了端，两汉以来许多诗词歌赋中就有更多叙述屋子顶部和它的各种装饰的词句。这证明屋顶不但是几千年来广大人民所喜闻乐见的，并且是我们民族所最骄傲的成就。它的发展成为中国建筑中最主要的特征之一。

（七）大胆地用朱红作为大建筑物屋身的主要颜色，用在柱、门窗和墙壁上，并且用彩色绘画图案来装饰木构架的上部结构，如额枋、梁架、柱头和斗拱，无论外部内部都如此。在使用颜色上，中国建筑是世界各建筑体系中最大胆的。

（八）在木结构建筑中，所有构件交接的部分都大半露出，在它们外表形状上稍稍加工，使其成为建筑本身的装饰部分。例如：梁头做成"挑尖梁头"或"蚂蚱头"；额枋出头做成"霸王拳"；昂的下端做成"昂嘴"，上端做成"六分头"或"菊花头"；将几层昂的上段固定在一起的横木做成"三福云"，等等；或如整组的斗拱和门窗上的刻花图案、门环、角叶，乃至如屋脊、脊吻、瓦当等都属于这一类。它们都是结构部分，经过这样的加工而取得了高度装饰的效果。

（九）在建筑材料中，大量使用有色琉璃砖瓦；尽量利用各色油漆的装饰潜力。木上刻花，石面上做装饰浮雕，砖墙上也加雕刻。这些也都是中国建筑体系的特征。

这一切特点都有一定的风格和手法，为匠师们所遵守，为人民所承认，我们可以叫它作中国建筑的"文法"。建筑和语言文字一样，一个民族总是创造出他们世世代代所喜爱、因而沿用的惯例，成了法式。在西方，希腊、罗马体系创造了它们的"五种典范"*，成为它们建筑的法式。中国建筑怎样砍割并组织木材成为梁架，成为斗拱，成为一"间"，成为个别建筑物的框架；怎样用举架的公式求得屋顶的曲面和曲线轮廓；怎样结束瓦顶；怎样求得台基、台阶、栏杆的比例；怎样切削生硬的结构部分，使同时成为柔和的、曲面的、图案型的装饰物；怎样布置并联系各种不同的个别建筑，组成庭院；这都是我们建筑上两三千年沿用并发展下来的惯例法式。无论每种具体的实物怎样地千变万化，它们都遵循着那些法式。构件与构件之间，构件和它们的加工处理、装饰，个别建筑物与个别建筑物之间，都有一定的处理方法和相互关系，所以我们说它是一种建筑上的"文法"。至如梁、柱、枋、檩、门、窗、墙、瓦、槛、阶、栏杆、隔扇、斗拱、正脊、垂脊、正吻、戗兽、正房、厢房、游廊、庭院、夹道，等等，那就是我们建筑上的"词汇"，是构成一座或一组建筑的不可少的构件和因素。

这种"文法"有一定的拘束性，但同时也有极

---

* 所谓"五种典范"即通常所说的塔斯干、多立克、爱奥尼克、科林斯、混合式等5种柱式。

大的运用的灵活性，能有多样性的表现。也如同做文章一样，在文法的拘束性之下，仍可以有许多体裁，有多样性的创作，如文章之有诗、词、歌、赋、论著、散文、小说，等等。建筑的"文章"也可因不同的命题，有"大文章"或"小品"。大文章如宫殿、庙宇，等等；"小品"如山亭、水榭、一轩、一楼。文字上有一面横额，一副对子，纯粹作点缀装饰用的。建筑也有类似的东西，如在路的尽头的一座影壁，或横跨街中心的几座牌楼，等等。它们之所以都是中国建筑，具有共同的中国建筑的特性和特色，就是因为它们都用中国建筑的"词汇"，遵循着中国建筑的"文法"所组织起来的。运用这"文法"的规则，为了不同的需要，可以用极不相同的"词汇"构成极不相同的体形，表达极不相同的情感，解决极不相同的问题，创造极不相同的类型。

这种"词汇"和"文法"到底是什么呢？归根说来，它们是从世世代代的劳动人民在长期建筑活动的实践中所累积的经验中提炼出来的，经过千百年的考验，而普遍地受到承认而遵守的规则和惯例。它们是智慧的结晶，是劳动和创造成果的总结。它不是一人一时的创作，它是整个民族和地方的物质和精神条件下的产物。

由这"文法"和"词汇"组织而成的这种建筑形式，既经广大人民所接受，为他们所承认、所喜爱，于是原先虽是从木材结构产生的，它们很快地就越过材料的限制，同样地运用到砖石建筑上去，以表现那些建筑物的性质，表达所要表达的情感。这说明为什么在中国无数的建筑上都常常应用原来用在木材结构上的"词汇"和"文法"。这条发展的途径，中国建筑和欧洲希腊、罗马的古典建筑体系，乃至埃及和两河流域的建筑体系是完全一样的，所不同者，是那些体系很早就舍弃了木材而完全代以砖石为主要材料。在中国，则因很早就创造了先进的科学的梁架结构法，把它发展到高度的艺术和技术水平，所以虽然也发展了砖石建筑，但木框架还同时被采用为主要结构方法。这样的框架实在为我们的新建筑的发展创造了无比的有利条件。

在这里，我打算提出一个各民族的建筑之间的"可译性"的问题。

如同语言和文学一样，为了同样的需要，为了解决同样的问题，乃至为了表达同样的情感，不同的民族，在不同的时代是可以各自用自己的"词汇"和"文法"来处理它们的。简单的如台基、栏杆、台阶，等等，所要解决的问题基本上是相同的，但多少民族创造了多少形式不同的台基、栏杆和台阶。例如热河普陀拉*的一个窗子，就与无数文艺复兴时代的窗子"内容"完全相同，但是各用不同的"词汇"和"文法"，用自己的形式把这样一句"话"说出来了。又如天坛皇穹宇与罗马的布拉曼提所设计的圆亭子，虽然大小不同，基本上是同一体裁的"文章"。又如罗马的凯旋门与北京的琉璃牌楼，罗马的一些纪念柱与我们的华表，都是同一性质，同样处理的市容点缀。这许多例子说明各民族各有自己不同的建筑手法，建造出来各种各类的建筑物，就如同不同的民族有用他们不同的文字所写出来的文学作品和通俗文章一样。

我们若想用我们自己建筑上的优良传统来建造适合于今天我们新中国的建筑，我们就必须首先熟悉自己建筑上的"文法"和"词汇"，否则我们是不可能写出一篇中国"文章"的。关于这方面深入一步的学习，我介绍同志们参考清工部《工程做法则

---

*　热河普陀拉系指今河北省承德市普陀宗乘之庙。

例》和宋李明仲的《营造法式》。关于前书，前中国营造学社出版的《清式营造则例》可作为一部参考用书。关于后书，我们也可以从营造学社一些研究成果中得到参考的图版。

（本文原载于《建筑学报》，1954 年第 1 期）

祖国的建筑

开头的话

解放以来，祖国各方面都在进行着有计划的建设：铁路方面有成渝、天兰、宾成、兰新等新路线；水利方面有治淮、荆江分洪和官厅水库等大工程；基本建设遍及全国，在三四年的短期间中，就已经完成了若干千万平方公尺的建物。这些建设的规模和施工速度在我国都是史无前例的。

在基本建设工作中我们遇到了许多问题，其中一个就是在纯工程技术之外，我们的建筑艺术到底向哪个方向走。

我们中国本来有我们中国体系的建筑。但是百余年来，在我国大城市中出现了许多所谓西式建筑，它们具有英、法、美、德等国的不同形式和风格，近二十年来又出现了一些没有民族性的所谓摩登建筑，好像许多方方的玻璃匣子。过去四年中人们对于建筑的民族性的问题有过不少不同的意见。最近由于大家进行了学习、讨论，并且苏联专家热诚地给我们介绍了他们过去的经验，我们的认识才渐趋一致了。现在大家都认为我们的建筑也要走苏联和其他民主国家的路，那就是走"民族的形式，社会主义的内容"的路，而扬弃那些世界主义的光秃秃的玻璃匣子。

我们认识到这个正确方向以后，首先就要研究我国建筑的民族传统。设计民族形式的建筑时，不是找张古建筑的照片摹仿一下，加一些民族形式的花纹就可以成功的。在设计工作中应用民族形式，需要经过深入和刻苦的钻研。我们必须真正地了解祖国从古到今的建筑遗产，对它们的发展有了相当的认识，掌握了它们的规律，然后才可能推陈出新，创造适合于我们新中国这一伟大时代的新建筑，并且使我国建筑艺术不断地发展和丰富起来。

什么是建筑

研究祖国的建筑，首先要问："什么是建筑？""建筑"这个名词，今天在中国还是含义很不明确的；铁路、水坝和房屋等都可以包括在"建筑"以内。但是在西方的许多国家，一般都将铁路、水坝等称为"土木工程"，只有设计和建造房屋的艺术和科学才叫作"建筑学"。在俄文里面，"建筑学"是"Apxntektypa"，是从希腊文沿用下来的，原意是"大的技术"，即包罗万象的综合性的科学艺术。在英、意、法、德等国文中都用这个字。苏联科学院院长莫尔德维诺夫院士给"建筑学"下了个比较精确的定义，是"建造适用和美好的住宅、公共建筑和城市的艺术"。

人类对建筑的要求

人类对建筑的最原始的要求是遮蔽风雨和避免毒蛇猛兽的侵害，换句话说，就是要得到一个安全的睡觉的地方。五十万年前，中国猿人住在周口店的山洞里，只要风吹不着，雨打不着，猛兽不能伤害他们，就满意了，所以原始人对于住的要求是非常简单的。但是随着生产工具的改进和生活水平的提高，这种要求也就不断地提高和变化着，而且越来越专门化了。譬如我们现在居住、学习、工作和娱乐各有不同的建筑。我们对于"住"的要求的确是提高了，而且复杂了。

建筑技术已发展成为一种工程科学

在技术上讲，所谓提高就是人在和自然作斗争的过程中逐步获得了胜利。在原始时代，人们所要求的是抵抗风雨和猛兽，各种技术都是为了和自然做斗争，争取生存的更好条件，而在斗争过程中，人们也就改造了自然。在建筑技术的发展过程中，我们的祖先发现木头有弹性，弄弯了以后还会恢复原状，石头很结实，垒起来就可以不倒等现象。远在原始时代，我们的祖先就掌握了最基本的材料力学和一些材料的物理性能。譬如，石头最好是垒起来，而木头需要连在一起用的时候，最好是想法子把它们扎在一起，或用榫头衔接起来。所以我们可以说，在人类的曙光开始的时候，建筑的技术已经开始萌芽了。有一种说法——当然是推测，不过考古学家也同意——认为我们的祖先可能在烧兽肉时，在火堆的四周架了一些石头，后来发现那些石头经过火一烧，就松脆了，再经过水一浇，就发热粉碎而成了白泥样的东西，但过一些时间，它又变硬了，不溶于水了。石灰可能就是这样发现的。天然材料经过了某种物理或化学变化，便变成另外的一种材料，这是人类很早就认识到的。这种人造建筑材料，一直到现在还不断地发展着和增加着。例如门窗用的玻璃，也是用砂子和一些别的材料烧在一起所造成的一种人造建筑材料。人类在住的问题方面不断地和自然作斗争，就使得建筑技术逐渐发展成为一种工程科学了。

建筑是全面反映社会面貌的和有教育意义的艺术

人类有一种爱美的本性。石器时代的人做了许多陶质的坛子和罐子，有的用红土造的，有的用白土或黑土造的，大都画了或刻了许多花纹。罐子本来只求其可以存放几斤粮食或一些水就罢了，为什么要画上或刻上许多花纹呢？人类天性爱美，喜欢好看的东西；人类在这方面的要求也随着文化的发展愈来愈高。人类对于建筑不但要求技术方面的提高，并且要求加工美化，因此建筑艺术随着文化的提高也不断地丰富起来。

在原始时期，建筑初步形成，发展得很慢，但越往后，发展速度就越快。建筑艺术是随同文化的发展而不停地前进着的。人们的生活水平提高了，也就是人们的物质和精神两方面的要求都提高了，就必定要求建筑在实用上满足更多方面的需要，在艺术方面更优美，更能表达思想内容。

建筑是在各种社会生活和社会意识的要求下产生的，所以当许多建筑在一起时，会把当时的经济、政治和文化的情况多方面地反映出来。建筑不但可以表现当时的生产力和技术成就，并且可以反映出当时的生产关系、政治制度和思想情况。我们不能不承认它是能多方面地反映社会面貌的艺术创造，而不是单纯的工程技术。

原始时代单座的房屋是为了解决简单的住的问题的。但很快地，"住"的意义就渐渐扩大了，从作为住宿用的和为了解决农业或畜牧业生产用的房舍，出现了为了支持阶级社会制度的宫殿和坛庙，出现了反映思想方面要求的宗教建筑和陵墓等。到了近代，又有为了高度发达的工业生产用的厂房，为了社会化的医疗、休息、文化、娱乐和教育用的房屋，建筑的种类就更多，方面也更广了。

很多的建筑物合起来，就变成了一个城市。建筑与建筑之间留出来走路的地方就是街道。城市就是一个扩大的综合性的整体的建筑群。在原始时代，一个村落或城市只有很简单的房屋和一些道路，到了近代，城市就是个极复杂的大东西了。电气设备、卫生工程、交通运输和各种各类的公共建筑物，它们之间的联系和关系，无论是街道、广场、园林或桥梁都和建筑分不开。建筑是人类创造里面最大、最复杂、最耐久的东西。

今天还存在着许多古代的建筑物，像埃及的金字塔和欧洲中古的大教堂等。我们中国两千年前的建筑遗物留到今天的有帝王陵墓和古城等，较近代的有宫殿和庙宇等。一般讲来，这些建筑都是很大的东西。在人类的创造里面，没有比建筑物再大的了。五万吨的轮船，比我们的万里长城小多了。建筑物建立在土地上，是显著的大东西，任何人经过都不可能看不到它。不论是在城市里或乡村里，建筑物形成你的生活环境，同时也影响着你的生活。所以我们说它是有教育作用的东西，有重大意义的东西。

中国建筑有悠久的传统和独特的做法与风格

我们中国建筑的传统的特征是什么呢？

我们中国的建筑，以单座的建筑来分析，一般都有三个部分：下面有台子，中间有木构屋身，上面有屋顶。几座这样个别的房屋，就组成了庭院。具有这样的基本构成部分的房屋，已经有三千五百年的历史了。考古学家在河南安阳县殷墟发现了一些土台子，在土台子上面有许多柱础，它们的行列和距离非常整齐。石卵上面有许多铜盘（后来叫作"櫍"）。在铜盘的上面或附近有许多木炭，直径约15厘米到20厘米。显然那木炭是经过焚烧的木柱，而那些石卵和铜板就是柱础。这个建筑大约是在武王伐纣的时候（公元前1046年）烧掉的，在抗日战争以前被考古学家发掘出来了，并已证明是殷朝的遗物。这就是说，我们确实知道由殷朝起已有在土台子上面立上柱子用以承托屋顶的这种建筑形式。我们从另一些文献上也能考证出来这种形式。《史记》上说，尧的宫殿"堂高三尺""茅茨不剪"。"堂"就是台子，用茅草覆在房顶上，中间是用木材盖起来的。

几千年以来，我们一直应用木材构成一种"框架结构"，起先很简单，但古代的匠人把这部分发展了，渐渐有了一定的规矩，总结出来了许多巧妙合理的做法，制定了一些标准。我们从宋朝一本讲建筑的术书《营造法式》里面，知道了当时的一些基本法制。

在这些法则中，我们要特别提到一种用中国建筑所特有的方法所构成的构件——斗拱。在一副框架结构中，在立柱和横梁交接处，在柱头上加上一层层逐渐挑出的称作"拱"的弓形短木，两层拱之间用称作"斗"的斗形方木块垫着。这种用拱和斗构成的综合构件叫作"斗拱"。它是用以减少立柱和横梁交接处的剪力，以减少梁折断的可能性的。在汉、晋、六朝时代，它还被用来加固两条横木的衔接处。简单的只在斗上用一条比拱更简单的"替木"。这种斗拱大多由柱头挑出去承托上面的各种结构，如屋檐，上屋楼外的"平坐"（露台），屋内的梁架、楼井和栏杆等。斗拱的装饰性很早就被发现了，不但在木结构上得到了巨大的发展，而且在砖石建筑上也普遍地应用，成为中国建筑中最显著的特征之一。从春秋战国（公元前770年—公元前221年）的铜器上，我们就看到有这种斗拱的图形，在四川的许多汉代（公元前202年—公元220年）石阙和崖墓中，也能看到这样的斗拱。

在朝鲜平安南道有些相当于我国晋朝时代的坟

墓，墓中是用建筑的处理手法来装饰的。这些墓内有柱子，在旁边墙壁画了斗拱，并在两斗拱间用"人字形拱"。北魏（386年—534年）的云冈石窟，保存到今天，我们可以看到当时建筑的形状：三间的殿堂，八角形的柱子，柱头上边有斗拱，上面有椽有瓦。从这样一些古代各个时代留下来的实物中，我们知道我国古代的建筑很早就已形成了自己的一套做法和风格了。

我觉得建筑的各种做法的规则很像语言文字上的"文法"。文法有时候是不讲道理的东西。例如：俄文的名词有6个格，在字的尾巴上变来变去。我们的汉文就没有这些，但是表情达意也很清楚。为什么俄文字尾就要变来变去，汉文就不变？似乎毫无道理。可是它是由习惯发展来的、实际存在的一种东西。你要表达你的感情，说明问题，你就得用它。建筑上的各部分的处理也同文法一样，有一些一定的组合的惯例。几千年以来，各民族的建筑都不是一样的；即使大家都用柱子、梁和椽子，但各民族处理柱子、梁和椽等的方法一般都不一样。每个民族的建筑形式虽然也随时代而有所不同，但总是有那么一个规则被遵循着，这种规则虽不断地发展，不是一成不变的，但基本特征总是传留下来，逐渐改变，从不会一下子就完全变了样。

在各民族的语言里都有许多意义相当的词，例如，英语里有"Column"一词相当于我们的"柱"字的意思。在各国的建筑上也有许多构件具有同样的作用与意义，但是样子却不一样。有许多不同的建筑上的构件，有如各国语言中的字那样不同。把它们组织起来的方法也都不同，有如各国言语的文法不同。瓦坡、墙面、柱子、廊子、窗子和门洞组成了许多不同的建筑物，也很像由字写成不同的文章。但因为文法的不同，希腊的就和意大利的不同，意大利的又和我们的不同。总之，各国的建筑都是各自为解决生活上不同的需要，反映着不同的心理特点和习惯，形成了自己的特征，并且逐渐发展而丰富起来的。

唐、宋和元的木构建筑

现在让我们把现在还存在的祖国历代的建筑提出几个典型的来看看。我们所已知道的中国最古的木建筑物是公元857年（唐）造的，就是山西五台山豆村镇的一所大寺院佛光寺的大殿，再过三年它就满一千一百年了（去年又发现了一座比它更古的，尚未调查）。佛光寺大殿下面有很高的台基。殿正面是一列柱子，柱子之上由雄大的斗拱托着瓦檐，木构组织简单壮硕。上面是中国所特有的那种四坡屋顶，体形简朴而气魄雄壮。内部斗拱由柱头一层层地挑出来，承在梁底，使得梁的跨度减少，不但使结构安全，并且达到高度的艺术效果，真是横跨如虹。这种拱起来略有曲度的梁，宋以后称作"月

山西五台山佛光寺大殿

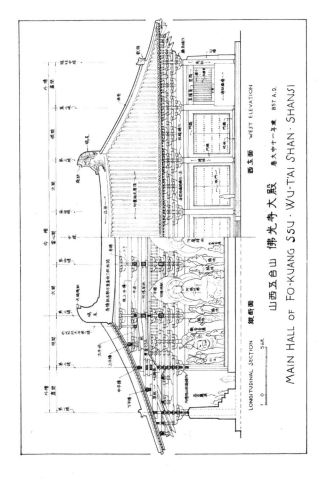

山西五台山 佛光寺大殿 唐大中十一年 857 A.D.

西立面 WEST ELEVATION

縱斷面 LONGITUDINAL SECTION

MAIN HALL of FO-KUANG SSU·WU-TAI SHAN·SHANSI

佛光寺大殿纵断面和西立面

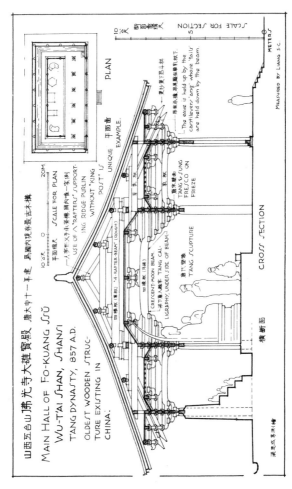

山西五台山佛光寺大雄寶殿 唐大中十一年重建 民國内見有最古木構

MAIN HALL OF FO-KUANG SSŬ
WU-TAI SHAN, SHANSI
TANG DYNASTY, 857 A.D.
OLDEST WOODEN STRUC-
TURE EXISTING IN
CHINA.

平面圖 PLAN

A UNIQUE EXAMPLE.

10 5 0 10 20M
|一八字平大手作棋|國内僅一見例 比例尺 SCALE FOR PLAN
USE OF "RAFTER'S" SUPPORT-
ING RIDGE PURLIN
WITHOUT "KING
POST" IS

横断面 CROSS SECTION

5 0 5 10 尺 CH'IH
METERS 公尺 SCALE FOR SECTION

MEASURED BY LIANG S.C.

梁思成 蔡方蔭同繪

佛光寺大雄寶殿平面和橫斷面

60

梁"，大概是像一弯新月的意思。这里由柱头挑出来的斗拱是结构上的重要部分，但同时又是很美的装饰部分。这样工程结构和建筑上丰富的美感有机地统一着，是我们祖国建筑的优良传统。

唐朝的佛光寺大殿的斗拱，和后代如明、清建筑上我们所常见的有何不同呢？第一，唐朝的尺寸大，和柱子的高度比起来在比例上也大得多；第二，只在柱头上用它，柱与柱之间横额上只有较小的附属的小组斗拱。这里只有向前出挑的华拱数层，没有横拱的做法，叫作"偷心"，这是宋以前结构的特点，能承托重量，显得雄壮有力。

北京以东约85公里蓟县独乐寺中的一座观音阁，是我们第二个最古的木建筑。这座建筑物比刚才的那座大殿规模更大，而在塑形上有生动的轮廓线，耸立在全城之上。看起来它是两层，实际上是三层的楼阁，巍巍然，翼翼然，和我们在唐宋画中所见的最接近。这是辽代的建筑实物。它的建筑年代是公元984年。它的木构全部高约22米，也是用了柱、梁和各式各样的斗拱所组织起来的大工程。里面主要是一尊十一面观音立像；三层楼是围绕着这立像而建造的，所以四周结构的当中留下一个

独乐寺观音阁

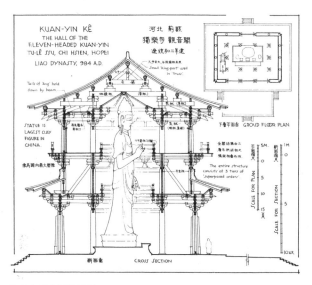

独乐寺观音阁剖面图

"井"一样的地方。为了达到这样一个目的，在结构上就发生一系列需要解决的问题了。由于应用了各种能承重、能出挑的斗拱，就把各层支柱和横梁之间，支柱和伸出的檐廊部分之间的复杂问题解决了。这些斗拱是为了结构的需要被创造的，但同时产生了奇妙的、惊人的、富于装饰性的效果。

山西应县佛宫寺的木塔高66米，平面八角形，外表五层，内中包括暗楼四层，共有九层。这木塔建于辽代，再过三年它就够九百年的高龄了。它之所以能这样长期存在，说明了它在工程技术上的高

山西应县佛宫寺木塔

山西应县佛宫寺木塔渲染图

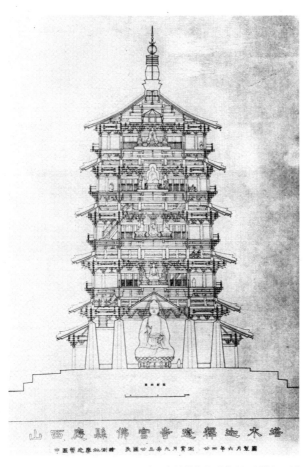

山西应县佛宫寺（释迦）木塔断面图

度成就。在这个建筑上也应用了不同组合的斗拱来解决复杂的多层的结构问题。全塔共用了57种不同的斗拱。塔下部稍宽，上面稍窄，虽然建筑物是高峻的，而体形稳定，气象庄严。它是我国唯一的全木造的塔，又是最古的木结构之一，所以是我们的稀世之宝。

北宋木建筑遗物不多，山西太原晋祠圣母庙一组是现存重要建筑，建于11世纪。建筑的标准构材比唐、辽的轻巧，外檐出挑仍很宽，但是斗拱却小了一些，每组结合得很清楚，形状很秀丽。全建筑轮廓线也柔和优雅，内部屋架上部很多部分都处理得巧妙细致。

宋画可作为研究宋代建筑的参考。它们虽然是画的，但有许多都非常准确，所有构件和它们的比例都画得很准确。《黄鹤楼图》就是其中一例。无疑的，宋代木建筑的艺术造型曾达到了极高的成就。河北正定龙兴寺宋或金初的摩尼殿，体形庞大，在造型方面与轻盈飞动的楼阁不同，结构方面都是很大胆的，总形象非常朴硕顽强。但同画中的黄鹤楼一样，这座殿的四面凸出的抱厦（即房屋前面加出的门廊）和向前的房山（即房屋两端墙上部三角形部分）是宋代建筑的特征。这种特征唐代或已有，但没有在两宋时代普遍，宋以后就比较少见了。这是很美妙的一种建筑处理形式。

河北曲阳县北岳庙元朝建的德宁殿是1206年建造的。我们看到建筑发展越来越细致。斗拱缩小了，但瓦部总保持着历来所特有的雄伟的气概。木构部分在宋以后所产生的柔和线条，这里也还保持着。但元朝是个经济比较衰落的时代，当时的统治者蒙古族进入中国后对汉族压迫剥削极重，所以建筑没有得到很大的发展，形象上比宋代的简单很多。

明和清的木构大建筑

明清的木构大建筑，北京故宫一组是最好的代表。北京故宫建筑的整体是明朝的大杰作，但大部都在清朝重建过，只剩几座大殿是例外。太和殿是1695年（清康熙时）重建的。它的后面的中和、保和二殿，都还是明朝的建筑。保和殿在明朝叫作建极殿。今天保和殿檐下牌子金字的底下还隐约可见"建极殿"的字样。这个紫禁城主要建筑群的位置，形成故宫和北京城的中轴线。在中轴的两旁还各有一条辅轴：左边是太庙（现在的文化宫），右边是社稷坛（现在的中山公园），两组都是极为美观的建筑组群。太庙的大殿在明朝原是九间，后来改成十一间。（我们猜想这是清弘历即乾隆为了给他自己的牌位预留位置而改变的。但这次改建不见记录，至今是个疑问。）除大殿有可疑之处外，太庙的全组建筑都是明朝的遗物，工精料美，现在已成为劳动人民文化宫了，人民有权利享受我们祖先最好的劳动果实。右边的社稷坛（中山公园）以祭五谷的神坛为主体，附有两座殿。它们都是明初1420年以前，即明成祖朱棣由南京迁都至北京以前所完成的。这是北京最古的两座殿堂。这两座殿就是现在公园里的中山堂和它的后面一殿，到现在它们都已经五百三十多年了，仍然完整坚固，一切都和新的一样。解放以后，它已成为北京市各界人民代表会议的会场。从前是封建主祭祀用的殿堂，现在却光荣地为人民服务了。这也说明有些伟大的建筑并不被时代所局限，到了另一时代仍能很好地为新社会服务。

现在我们不能不提到山东曲阜的孔庙。过去儒教在中国占有极大势力，孔庙是受到特殊待遇的建筑。曲阜的大成殿比起太和殿来要小些，它的前廊却拥有极其华丽的雕龙白石柱子，在艺术方面使人得到另一种感觉。大成殿前大成门外的奎文阁是1504年（明弘治时）的一座重层建筑物，和独乐寺辽代的观音阁属于同一类型，但在艺术造型上，它们之间是有差别的。奎文阁没有观音阁那样的豪放、雄伟和具有顽强的气概。这个时期的一般艺术和唐宋的相比，都显得薄弱和拘束。

除了故宫的宫殿以外，我们还可以看看北京外城的另一种纪念性建筑物。首先是天坛。天坛是庄严肃穆地祭天的地方，很大的地址上只盖了很少数的建筑物，这是它布局的特点。天坛肃穆庄严到极

北京天坛

点，而明朗宏敞，好像真能同天接近。周围用美丽的红墙围着，北头是圆的，南头是方的，以象征"天圆地方"。内中一条中轴线上，最南一组是3层白石的圆台，叫作"圜丘"，是祭天的地方。北面有精致的圆墙围绕的一组建筑，就是"皇穹宇"，是安放牌位的，后面沿石墁的甬道约600米到祈年门、祈年殿和两配殿，此外，除了一些斋宫、神库之外，就没有其他建筑，只有茂密的柏树林围绕着。这组建筑的艺术效果是和故宫大不相同的。一位外国建筑师来到北京以后，说过几句很有意思的话："中国建筑有明确的思想性，天坛是天坛，北海是北海。"接着他解释说："天坛，我愿意一个人去；北海，我愿意带我的小孩子去。"他的话说明了他对建筑体会得非常深刻：他愿意独自上天坛，因为那是个非常庄严肃穆的地方；他愿意带着小孩子去北海，因为北海的布局富有变化的情趣，是适宜于游玩的大花园。祈年殿、皇穹宇和圜丘不唯塑形极美，且因平面是圆的，所以在结构上是中国所少有的。它们怎样发挥中国的结构方法，怎样运用传统的"文法"以灵活应付特殊条件，就更值得重视了。

中国建筑的特殊形式之一——塔

现在说到砖石建筑物，这里面最主要的是塔。也许同志们就要这样想了："你谈了半天，总是谈些封建和迷信的东西。"但是事实上在一个阶级社会里，一切艺术和技术主要都是为统治阶级服务的。过去的社会既是封建和迷信的社会，当时的建筑物当然是为封建和迷信服务的；因此，中国的建筑遗产中，最豪华的、最庄严美丽的、最智慧的创造，总是宫殿和庙宇。欧洲建筑遗产的精华也全是些宫殿和教堂。

在一个城市中，宫殿的美是可望而不可即的，而庙宇寺院的美，人民大众都可以欣赏和享受。在寺院建筑中，佛塔是给人民群众以深刻的印象的。它是多层的、高耸云霄的建筑物，全城的人在遥远的地方就可以看见它。它是最能引起人们对家乡和祖国的情感的。佛教进入中国以后，这种新的建筑形式在中国固有的建筑形式的基础上产生而且发展了。

在佛教未到中国以前，我们的国土上已经有过一种高耸的多层建筑物，就是汉代的"重楼"。秦汉的封建主常常有追求长生不老和会见神仙的思

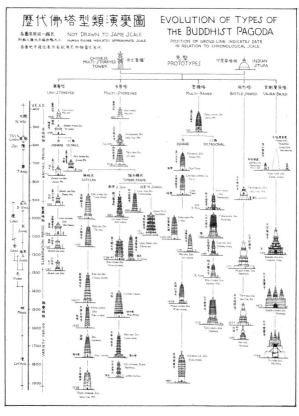

历代佛塔型类演变图

想；幻想仙人总在云雾缥缈的高处，有"仙人好楼居"的说法，因此建造高楼，企图引诱仙人下降。佛教初来的时候，带来了印度"窣堵坡"的概念和形象——一个座上覆放着半圆形的塔身，上立一根"刹"杆，穿着几层"金盘"。后来这个名称首先失去了"窣"字，"堵坡"变成"塔婆"，最后省去"婆"字而简称为"塔"。中国后代的塔，就是在重楼的顶上安上一个"窣堵坡"而形成的。

单层塔

云冈的浮雕中有许多方形、单层的塔，可能就是中国形式的"窣堵坡"：半圆形的塔身改用了单层方形出檐，上起方锥形或半圆球形屋顶的形状。山东济南东魏所建的神通寺的"四门塔"就是这类"单层塔"的优秀典型。四门塔建于公元544年，是中国现存的第二古塔，也是最古的石塔。这时期的佛塔最通常的是木构重楼式的，今天已没有存在的了。但是云冈石窟壁上有不少浮雕的这种类型的塔，在日本还有飞鸟时代（中国隋朝）的同形实物存在。

中国传统的方形平面与印度"窣堵坡"的圆形

河南嵩山会善寺净藏禅师塔

平面是有距离的。中国木结构的形式又是难以做成圆形平面的。所以唐代的匠师就创造性地采用了介乎正方与圆形之间的八角形平面。单层八角的木塔见于敦煌壁画，日本也有实物存在。河南嵩山会善寺的净藏禅师墓塔是这种仿木结构八角砖塔的最重要的遗物。净藏禅师墓塔是一座不大的单层八角砖塔，公元745年（唐玄宗时）建。这座塔上更忠实地砌出木结构的形象，因此就更亲切地充满中国建筑的气息。在中国建筑史中，净藏禅师墓塔是最早的一座八角塔。在它出现以前，除去一座十二角形和一座六角形的两个孤例之外，所有的塔都是正方形的。在它出现以后约二百年，八角形便成为佛塔最常见的平面形式。所以它的出现在中国建筑史中标志着一个重要的转变。此外，它也是第一个用须弥座做台基的塔。它的"人"字形的补间斗拱（两个柱头上的斗拱之间的斗拱），则是现存建筑中这种构件的唯一实例。

重楼式塔

初期的单层塔全是方形的。这种单层塔几层重叠起来，向上逐层、逐渐缩小，形象就比较接近中国原有的"重楼"了,所以可称之为"重楼式"的砖石塔。

西安大雁塔是唐代这类砖塔的典型。它的平面是正方的,塔身一层层地上去,好像是许多单层方屋堆起来的,看起来很老实,是一种淳朴平稳的风格,同我们所熟识的时代较晚的窈窕秀丽的风格很不同。这塔有一个前身。玄奘从印度取经回来后,在长安慈恩寺从事翻译,译完之后,在公元652年盖了一座塔,作为他藏经的"图书馆"。我们可以推想,它的式样多少是仿印度建筑的,在那时是个新尝试。动工的时候,据说这位老和尚亲身背了一筐土,绕行基址一周行奠基礼;可是盖成以后不久,不晓得什么原因就坏了。公元701年至公元704年间又修起这座塔,到现在有一千二百五十年了。在塔各层的表面上,用很细致的手法把砖石处理成为木结构的样子。例如用砖砌出扁柱,柱身很细,柱头之间也砌出额枋,在柱头上用一个斗托住,但是上面却用一层层的砖逐层挑出(叫作"迭涩"),用以代替瓦檐。建筑史学家们很重视这座塔。自从佛法传入中国,建筑思想上也随着受了印度的影响。玄奘到印度取了经回来,把印度文化进一步介绍到

陕西西安慈恩寺大雁塔

中国，他盖了这座塔，为中国和印度古代文化交流树立了一座庄严的纪念物。从国际主义和文化交流历史方面看，它是个非常重要的建筑物。

属于这类型的另一例子，是西安兴教寺的玄奘塔。玄奘死了以后，就埋在这里，这塔是墓的标志。这塔的最下一层是光素的砖墙，上面有用砖刻出的比大雁塔上更复杂的斗拱，所谓"一斗三升"的斗拱。中间一部伸出如蚂蚱。

资产阶级的建筑理论认为建筑的式样完全决定于材料，因此在钢筋水泥的时代，建筑的外形就必须是光秃秃的玻璃匣子式，任何装饰和民族风格都不必有。但是为什么我们古代的匠师偏要用砖石做成木结构的形状呢？因为几千年来，我们的祖先从木结构上已接受了这种特殊建筑构件的形式，承认了它们的应用在建筑上所产生的形象能表达一定的情感内容。他们接受了这种形式的现实，因为这种形式是人民所喜闻乐见的。因此当新的类型的建筑物创造出来时，他们认为创造性地沿用这种传统形式，使人民能够接受，易于理解，最能表达建筑物的庄严壮丽。这座塔建于公元669年，是现存最古的一座用砖砌出木结构形式的建筑。它告诉我们，在那时候，智慧的劳动人民的创造方法是现实主义的，不脱离人民艺术传统的。这个方法也就是指导古代希腊由木构建筑转变到石造建筑时所取的途径。中国建筑转成石造时所取的也是这样的途径。我们祖国一方面始终保持着木构框架的主要地位，没有用砖石结构来代替它；同时在佛塔这一类型上，又创造性地发挥了这方法，以砖石而适当灵巧地采用了传统木结构的艺术塑形，取得了光辉成就。古代匠师在这方面给我们留下不少卓越的范例，正足以说明他们是怎样创造性运用遗产和传统的。

河北定县开元寺的料敌塔也属于"重楼式"的类型，平面是八角形的，轮廓线很柔和，墙面不砌出模仿木结构形式的柱枋等。这塔建于1001年。它是北宋砖塔中重楼式不仿木结构形式的最典型的例子。这种类型在华北各地很多。

河南开封祐国寺的"铁塔"建于1044年，也属于"重楼式"的类型。它之所以被称为"铁塔"，是因为它的表面全部用"铁色琉璃"做面砖。我们所要特别注意的就是在宋朝初年初次出现了使用特制面砖的塔，如公元977年建造的开封南门外的繁塔和这座"铁塔"。而"铁塔"所用的是琉璃砖，说明一种新材料之出现和应用。这是一个智慧的创造，重要的发明。它不仅显示材料、技术上具有重大意义的进步，而且因此使建筑物显得更加光彩，更加丰富了。

重楼式中另一类型是杭州灵隐寺的双石塔，它们是五代吴越王钱弘俶在公元960年扩建灵隐寺时建立的。在外表形式上它们是完全仿木结构的，处理手法非常细致，技术很高。实际上这两"塔"仅各高10米左右，实心，用石雕成，应该更适当地叫它们作塔形的石幢。在这类型的塔出现以前，砖石塔的造型是比较局限于砖石材料的成规做法的。这塔的匠师大胆地用石料进一步忠实地表现了人民所喜爱的木结构形式，使佛塔的造型更丰富起来了。

完全仿木结构形式的砖塔在北方的典型是河北涿县的双塔。两座塔都是砖石建筑物，其一建于1090年（辽道宗时）。在表面处理上则完全模仿应县木塔的样式，只是出檐的深度因为受材料的限制，不能像木塔的檐那样伸出很远；檐下的斗拱则几乎同木构完全一样，但是挑出稍少，全塔就表现了砖石结构的形象，表示当时的砖石工匠怎样纯熟地掌握了技术。

密檐塔

另一类型是在较高的塔身上出层层的密檐，可以叫它作"密檐塔"。它的最早的实例是河南嵩山嵩岳寺塔。这塔是公元520年（南北朝时期）建造的，是中国最古的佛塔。这塔一共有十五层，平面是十二角形，每角用砖砌出一根柱子。柱子采用印度的样式，柱头、柱脚都用莲花装饰。整个塔的轮廓是抛物线形的。每层檐都是简单的"迭涩"，可是每层檐下的曲面也都是抛物线形的。这是我们中国古来就喜欢采用的曲线，是我国建筑中的优良传统。这塔不唯是中国现存最古的佛塔，而且在这塔以前，我们没有见过砖造的地上建筑，更没有见过约40米高的砖石建筑。这座塔的出现标志着这时期在用砖技术上的突进。

和这塔同一类型的是北京城外天宁寺塔。它是1083年（辽）建造的。从层次安排的"韵律"看来，它与嵩岳塔几乎完全相同，但因平面是八角形的，而且塔身砌出柱枋，檐下用砖做成斗拱，塔座做成双层须弥座，所以它的造型的总效果就与嵩岳寺塔迥然异趣了。这类型的塔至11世纪才出现，它无疑

河南嵩山嵩岳寺塔

北京广安门外天宁寺塔

地是受到南方仿木结构塔的影响的新创造。这种特殊形式的密檐塔，较早的都在河北省中部以北，以至东北各省。当时的契丹族的统治者因为自己缺少建筑匠师，所以"择良工于燕蓟"（汉族工匠）进行建造。这种塔形显然是汉族的工匠在那种情况之下，为了满足契丹族统治阶级的需求而创造出来的新类型。它是两个民族的智慧的结晶。这类型的塔丰富了中国建筑的类型。

属于密檐塔的另一实例是洛阳的白马寺塔，是1175年（金）的建筑物。这塔的平面是正方形的，在整体比例上第一层塔身比较矮，而以上各层檐的密度较疏。

塔身之下有高大的台基，与前面所谈的两座密檐塔都有不同的风格。在12世纪后半叶，八角形已成为佛塔最常见的平面形式，隋唐以前常见的正方形平面反成为稀有的形式了。

瓶形塔

另一类型的塔，是以元世祖忽必烈在1271年修成的北京妙应寺（白塔寺）的塔为代表的"瓶形塔"或喇嘛塔。这是西藏的类型。元朝蒙古人把藏传佛

北京妙应寺白塔

教从西藏经由新疆带入了中原，同时也带来了这种类型的塔。这座塔是中国内地最古的喇嘛塔，在修盖的当时是一个陌生的外来类型，但是它后来的子孙很多，如北京北海的白塔，就是一个较近的例子。这种塔下面是很大的须弥座，座上是覆钵形的"金刚圈"，再上是坛子形的塔身，称为"塔肚子"，上面是称为"塔脖子"的须弥座，更上是圆锥形或近似圆柱形的"十三天"和它顶上的宝盖、宝珠等。这是西藏的类型，而且是蒙古族介绍到中原地区来的，因此它是蒙古、藏两族对中国建筑的贡献。

台座上的塔群

北京真觉寺（五塔寺）的金刚宝座塔是中国佛塔的又一类型。这类型是在一个很大的台座上立五座乃至七座塔，成为一个完整的塔群。真觉寺塔下面的金刚宝座很大，表面上共分为五层楼，下面还有一层须弥座。每层上面都用柱子做成佛龛。这塔形是从印度传入的。我们所知道最古的一例在云南昆明，但最精的代表作则应举出北京真觉寺塔。它是1493年（明代）建造的，比昆明的塔稍迟几年。北京西山碧云寺的金刚宝座塔是清乾隆年间所建，座上共立七座塔，虽然在组成上丰富了一些，但在整体布置上和装饰上都不如真觉寺塔朴实雄伟。

明朝砖石建筑的新发展

在砖石建筑方面，到了明朝有了新的发展。过去，木结构的形式只运用到砖石塔上，到了明朝，将木结构的形式和砖石发券结构结合在一起的殿堂出现了。山西太原永祚寺（双塔寺）的大雄宝殿，以及五台山、苏州等地的所谓"无梁殿"和北京的皇史宬、三座门等都属于这一类。从汉朝起，历代匠师们就开始在各类型的砖石建筑上表现木结构的形式。在崖墓里，在石阙上，在佛塔上，最后到殿堂上，历代都有新的创造，新的贡献，使我们的建筑逐步提高并丰富起来。清朝也有这类型的建筑，例如北京香山静宜园迤南的无梁殿，乃至一些琉璃牌坊，都是在这方向下创造出来的新类型。

世界上最早的空撞券大石桥——赵州桥

我国隋朝的时候，在建筑技术方面出现了一项

安济桥（赵州桥）

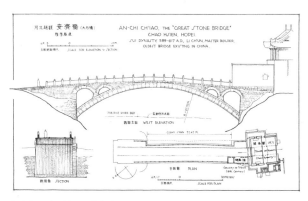

安济桥（赵州桥）手绘图

伟大的成就，即民歌《小放牛》里面所歌颂的赵州桥。《小放牛》里说赵州桥是"鲁班爷"修的，说明古代人民已把它的技巧神话化了，其实这桥并不是鲁班修的，而是隋朝的匠人李春建造的。它是一座石造的单孔券大桥，到现在已有一千三百多年了，仍然起着联系汶水两岸的作用。这桥的单孔券不但是古代跨度最大的券（净跨 37.47 米），而且李春还创造性地在主券两头各做了两个小券，那就是近代叫作"空撞券"的结构。在西方这样的空撞券桥的初次出现是在 1912 年，当时被西方称颂为近代工程上的新创造。其实在一千三百年前就有个李春在中国创造了。无论在材料的使用上、结构上、艺术造型上和经济上，这桥都达到了极高的成就。它说明到了隋朝，造桥的科学和艺术已经有了悠久的传统，因此才能够创造出这样辉煌的杰作。

中国古代的伟大建筑工程之一——长城

我们不能不提到长城，因为它是中国古代的伟大建筑工程之一。西起甘肃安西县，东抵河北山海关，在绵延 2300 公里的崇山峻岭和广漠的平原上，它拱卫着当时中国的边疆。它是几百万甚至近千万的劳动人民在长时期中用自己的生命和血汗所造成的。两千年来，它在中国历史的演变过程中曾起过一定的作用。它那壮伟朴实的躯体，踞伏在险要的起伏的山脊上，是古代卓越的工程技术和施工效能的具体表现，同时它本身也就成为伟大的艺术创造，不仅是一堆砖石而已。原来的长城是用黄土和石块筑造的，现在河北、山西北部的一段砖石的城则是明中叶重修的。这一段所用的砖是大块精制的"城砖"。这一次的重修正反映了东北满族威胁的加强，同时也使我们认识到这时期造砖的技术和生产效率已经大大提高了。

中国古代的城市建设

现在我们要谈谈祖国古代的城市建设。从古时我们的城市建设就是有计划的。有计划的城市建设是我们祖国宝贵的传统。按照《周礼·考工记》所说，天子的都城有东西向和南北向的干道各九条，即所谓"九经九纬"；南北干道要同时能并行九辆车子，规模是雄伟的。因为它是封建社会的产物，当然反映封建制度的要求，所以规定大封建主的宫殿在当中，前面是朝廷，后面是老百姓居住和交易的地方，左边是祖宗神庙，右边是土地农作物的神坛。按照这样的制度进行规划，就成了中国历代首都的格式。

唐朝的长安是隋朝开始建造的，在隋朝叫作大兴城，也是参照"周礼"上这个原则布置下来的。它是历史上规模最宏伟的一个城市。长安城也规划成若干条经纬街道，北部的中央是宫城和皇城所在地。皇城是行政区，宫城是大封建主住的地方。皇城的东面有十六个王子居住的"十六宅"。这些都偏在北部。城的南部是老百姓住的地方，而在适中的地点有东西两个市场，也可以说那就是长安城的两个主要的商业区。城的东南角有块洼地，名曲江，风景极好，就成了长安的风景区和"文娱中心"了。诗人杜甫曾在许多的诗中提到它。我们今天所理解到的是：这个城不仅很有规划条理，而且是历史上最早的有计划地使用土地的城市，反映出当时种种的社会生活和丰富的文化。

驰名世界的古城——北京

我们祖国另外一个驰名世界的伟大的城市是元朝的大都，它就是今天的北京的基础。我们在这个城市也看到所谓"面朝背市"的格局：前面是皇宫，后面是什刹海，以前水运由东边入城，北上到什刹海卸货，什刹海的两岸是市集中心。但在明朝扩大建设北京的时候，城北水路已淤塞，前面城墙又太近，宫前没有足够的建造衙署的地方，就改建了北面的城墙，南面却从长安街一线向南推出去，到了今天正阳门一线上，让商市在正阳门外发展。这样就把元朝的北京城很彻底地改造了。经过清朝的修建，这个城现在仍是驰名世界的一个伟大的古城。我们为这个城感到骄傲，因为它具体地表现了我们民族的气魄，我国劳动人民的智慧和我国高度发展的文化。

这个城具有从永定门到钟楼和鼓楼的一条笔直的中轴线，它是世界上一种艺术杰作。这条轴线共有 8 公里长，中间是一组又一组的纪念性大建筑，东西两边街道基本上是对称的，庄严肃穆，是任何大都市所少有的大气魄。西边有湖沼——"三海"，格局稍有变化，但仍取得均衡的效果。这湖沼园林的安排又是一种艺术杰作。当你从两旁有房屋的街道走到三海附近，你就会感到一个突然的转变，使你惊喜。例如我们从文津街走到了北海玉带桥，在这样一个很热闹的城市里，突然一转弯就出来了一个湖波荡漾、楼阁如画、完全出人意外的景色，怎能不令人惊奇呢？不过当时它是皇宫的一部分，很少人能到那里玩赏，今天它成了全民所有的绿化区了。

这个城市的主要特点之一是道路分工明确——有俗语所说的"大街小巷"之别。我们每天可以看见大量的车辆都在大干线上跑，住宅都布置在安静的胡同里。这样的规划是非常科学的。

我们试将中国的建筑和绘画在布局上的特征和欧洲的做一个比较。我觉得西方的建筑就好像西方的画一样，画面很完整，但是一览无遗，一看就完了，比较平淡；中国的建筑设计，和中国的画卷，特别是很长的手卷很相像：用一步步发展的手法，把你由开头领到一个最高峰，然后再慢慢地收尾，比较地有层次，而且趣味深长。北京城这条中轴线把你由永定门领到了前门和五牌楼，是一个高峰。过桥入城，到了中华门，远望天安门，一长条白石板的"天街",止在天安门前五道桥前,又是一个高峰。然后进入皇城,过端门到达了午门前面的广场。到了这里就到了又一个高峰。在这里我们忽然看见了紫禁城,四角上有窈窕秀丽的角楼,中间五凤楼,金碧辉煌,皇阙嵯峨的形象最为庄严。进入午门又是广场,隔着金水河白石桥就望见了太和门。这里是另一高峰的序幕。过了太和门就到达一个最高峰——太和殿。这可以说是这幅长"手卷"的中心部分。由此向北过了乾清宫逐渐收场,到钦安殿、神武门和景山而渐近结束。在鼓楼和钟楼的尾声中,就是"画卷"的终了。

北京城和故宫这样的布局所造成的艺术效果是怎样的呢?当然是气势雄伟,意义深刻的。故宫在以前不是博物院,而是封建时代象征最高统治者的无上威权的地方——皇帝的宫殿。过去的统治阶级是懂得利用建筑的艺术形象为他们的统治服务的。汉高祖刘邦还在打仗的时候,萧何已为他修建了未央宫。刘邦曾发脾气说,战争还未完,那样铺张浪费干什么?萧何却不这么看,他说:"天子以四海为家,非令壮丽无以重威。"这就说明萧何知道建筑艺术是有政治意义的。又如吴王夫差为了掩饰战败,却要"高其台榭以鸣得志"，建筑也被他用作外交上的幌子了。

北京的城市和宫殿正是有计划的、有高度思想性和艺术性的建筑，北京全城的总体的完整性是世界都市计划中的卓越的成就。

中国造园艺术的发展

造园的艺术在中国也很早就得到发展。传说周文王有他的灵囿，内有灵台和灵沼。园内有麋鹿和白鹤，池内有鱼。从秦始皇嬴政以来，历代帝王都为自己的享乐修筑了园林。汉武帝刘彻的太液池有"蓬莱三岛"、"仙山楼阁"、柏梁台、金人捧露盘等求神仙的园林建筑和装饰雕刻。宋徽宗赵佶把艮岳万寿山和金明池修得穷极奢侈，成了导致亡国的原因之一。今天北京城内的北海、中海和南海，是在12世纪（金）开始经营，经过元、明、清三朝的不断增修和改建而留存下来的。无疑地它继承了汉代"仙山楼阁"的传统，今天北海琼华岛上还有一个"金人捧露盘"的铜像就可证明这点。北海的艺术效果是明朗、活泼的，是令人愉快的。

著名的圆明园已在 1860 年（清咸丰时）被英、法侵略者焚毁了。封建帝王营建园苑的最后一个例子就是北京西北郊的颐和园。颐和园也是一个有悠久历史的园子。由于天然湖泊和山势的秀美，从元朝起，统治阶级就开始经营和享受它了。今天颐和园的面貌是清乾隆时代所形成，而在那拉氏（西太后）时代所重建和重修的。

颐和园以西山麓下的天然山水——昆明湖和万寿山——为基础。在布局上以万寿山为主体，以昆明湖为衬托。从游览的观点来说，则主要的是身在万寿山，面对昆明湖的辽阔水面；但泛舟游湖的时候则以万寿山为主要景色。这个园子是专为封建帝王游乐享受的，因此在格调上，一方面要求有山林的自然野趣，但同时还要保持着气象的庄严。这样的要求是苛刻的，但是并没有难倒了智慧的匠师们。

那拉氏重修以后的颐和园的主要入口在万寿山之东，在这里是一组以仁寿殿为主的庄严的殿堂，暂时阻挡着湖山景色。仁寿殿之西一组——乐寿堂，则一面临湖，风格不似仁寿殿那样严肃。过了这两组就豁然开朗，湖山尽在眼界中了。由这里，长廊

颐和园中自五龙亭东望景山

一道沿湖向西行，山坡上参差错落地布置着许多建筑组群。突然间，一个比较开阔的"广场"出现在眼前，一群红墙黄瓦的大组群，依据一条轴线，由湖岸一直上到山尖，结束在一座八角形的高阁上。这就是排云殿、佛香阁的组群，也是颐和园的主要建筑群。这条轴线也是园中唯一的明显的主要轴线。

由长廊继续向西，再经过一些衬托的组群，即到达万寿山西麓。

由长廊一带或万寿山上都可瞭望湖面，因此湖面的对景是极重要的。设计者布置了涵远楼（龙王庙）一组在湖面南部的岛上，又用十七孔白石桥与东岸衔接，而在西面布置了模仿杭州西湖苏堤的长堤，堤上突然拱起成半圆形的玉带桥。这些点缀构成了令人神往的远景，丰富了一望无际的湖面和更远处的广大平原。这样的布置是十分巧妙的。

由湖上或龙王庙北望对岸，则见白石护岸栏杆之上，一带纤秀的长廊，后面是万寿山、排云殿和佛香阁居中。左右许多组群衬托，左右均衡而不是机械的对称。这整座山和它的建筑群，则巧妙地与玉泉山和西山的景色组成一片，正是中国园林布置中"借景"的绝好样本。

万寿山的背面则苍林密茂，碧流环绕，与前山风趣形成强烈的对比。

我们可以说，颐和园是中国园林艺术的一个杰作。

除去这些封建主独享的规模宏大的御苑外，各地地主、官僚也营建了一些私园，其中江南园林尤为有名，如无锡惠山园、苏州狮子林、留园、拙政园等都是极其幽雅精致的。这些私园一般只供少数人在那里饮酒、赋诗、听琴、下棋；但是其中多有高度艺术的处理手法和优美的风格。如何批判吸收、使供广大人民游息之用，就是今后园林设计者的课题了。

中国的陵墓建筑

我们在谈中国建筑的时候，不能不谈到陵墓建筑。

殷墟遗址的发掘，证明三千五百年前的奴隶主就已为自己建造极其巨大的坟墓了。陕西咸阳一带，至今还存在着几十座周、汉帝王的陵墓，都是巨大的土坟包。

四川许多山崖石上凿出的"崖墓"，说明在汉代坟墓内部已有很多采用了建筑性的装饰。斗拱、梁、枋等都刻在墓门及墓室内部。四川、西康、山东等地的汉墓前多有石阙和石兽。南朝齐、梁帝王的陵墓，则立石碑、神道碑（略似明、清的华表）和天禄、辟邪等怪兽。唐朝帝陵规模极大，陵前多精美的雕刻，其中如唐太宗李世民的昭陵前的"六骏"，是古来就著名的。

明朝以来，采用了在巨大的"宝城""宝顶"之前配合壮丽的建筑组群的方法，其中最杰出的是河北昌平明"十三陵"。

长陵（明成祖朱棣的陵）依山建造，前面有一条长8公里以上的神道，以宏丽的石牌坊开始：其中一段，神道两旁排列着石人石兽，长达800余米；经过若干重的门和桥，到达长陵的祾恩门，门内主要建筑有祾恩殿，大小与故宫太和殿相埒；殿后经过一些门和坊来到宝顶前的"方城"和"明楼"，最后是巨大的宝顶，再后就是雄伟的天寿山——燕山山脉的南部。全部布置和个别建筑的气魄都是宏伟无比的。这个建筑的整体与自然环境的配合，对自然环境的利用，更是令人钦佩的大手笔。

点缀性的建筑小品

在都市的街道、广场或在殿堂的庭院中，往往有许多点缀性的建筑或雕刻。这些点缀品，如同主要建筑一样，不同的民族也各有不同的类型或风格。在中国，狮子、影壁、华表、牌坊等是我们常用的类型，有我们独特的风格，在别的国家也有类似的东西。例如罗马的凯旋门，同我们的琉璃牌坊基本上就是相同的东西，列宁格勒涅瓦河岛尖端上那对石柱就与天安门前那对华表具有同一功用。石狮子不唯中国有，在欧洲，在巴比伦，它们也常常出现在门前。从这些点缀性建筑"小品"中，我们也可以看到每一个时代、每一个民族都有自己的风格来处理这些相似的东西。

侵略势力把欧洲建筑带到中国来了

随着欧洲资本主义的发展，欧洲的传教士把他们的建筑带到东方来了。18世纪中叶，郎世宁为弘历（乾隆帝）设计了圆明园里的"西洋楼"，以满足大封建主的猎奇心理。这些建筑是西式建筑来到中国的初期实例。1860年，英、法侵略军攻入北京，这几座楼随同圆明园一起遭到悲惨的命运。郎世宁的"西洋楼"虽然采取的是意大利文艺复兴后期的形式，但由于中国工人的创造和采用中国琉璃的面饰，取得了很新颖的风格。

1840年鸦片战争以后，帝国主义侵略者以征服者的蛮横姿态，把他们的建筑生硬地移植到中国的土地上来。完全奴化了的官僚、地主和买办们，对它无条件地接受，单纯模仿，在上海、广州、天津那样的"通商口岸"，那些硬搬进来的形形色色的建筑，竟发育成了杂乱无章的"丛林"；而且甚至传播到穷乡僻壤。解放前一个世纪中，中国土地上比较重要的建筑都充分地表现了半殖民地的特征，那些"通商口岸"的建筑更是其中的典型例子。

（本文系梁思成在中央科学讲座上的讲演速记稿，1954年由中华全国科学普及协会出版单行本。后经梁思成反复校订，1984年编入《拙匠随笔》）

我国伟大的建筑传统与遗产

世界上最古、最长寿、最有新生力的建筑体系

历史上每一个民族的文化都产生了它自己的建筑，随着这文化而兴盛衰亡。世界上现存的文化中，除去我们的邻邦印度的文化可算是约略同时诞生的弟兄外，中华民族的文化是最古老、最长寿的。我们的建筑也同样是最古老、最长寿的体系。在历史上，其他与中华文化约略同时，或先或后形成的文化，如埃及、巴比伦，稍后一点的古波斯、古希腊，及更晚的古罗马，都已成为历史陈迹。而我们的中华文化则血脉相承，蓬勃地滋长发展，四千余年，一气呵成。到了今天，我们所承继的是一份极丰富的遗产，而我们的新生力量正在发育兴盛。我们在这文化建设高潮的前夕，好好再认识一下这伟大光辉的建筑传统是必要的。

我们自古以来就不断地建造，起初是为了解决我们的住宿、工作、休息与行路所需要的空间，解决风雨寒暑对我们的压迫；便利我们日常生活和生

产劳动。但在有了高度文化的时代，建筑便担任了精神上、物质上更多方面的任务。我们祖国的人民是在我们自己所创造出来的建筑环境里生长起来的。我们会有意识地或无意识地爱我们建筑的传统类型以及它们和我们数千年来生活相结合的社会意义，如我们的街市、民居、村镇、院落、市楼、桥梁、庙宇、寺塔、城垣、钟楼等等都是。我们也会凭直觉爱我们的建筑客观上的造型艺术价值：如它们的壮丽或它们的朴实，它们的工艺与大胆的结构，或它们的亲切部署与简单的秩序。它们是我们民族经过代代相承，在劳动的实践中和实际使用相结合而成熟，而提高的传统。它是一个伟大民族的工匠和人民在生活实践中集体的创造。

因此，我们家乡的一角城楼，几处院落，一座牌坊，一条街市，一列店铺，以及我们近郊的桥，山前的塔，村中的古坟石碑，村里的短墙与三五茅屋，对于我们都是那么可爱，那么有意义的。它们都曾丰富过我们的生活和思想，成为与我们不可分离的情感的内容。

我们中华民族的人民从古以来就不断地热爱着我们的建筑。历代的文章诗赋和歌谣小说里都不断有精彩的叙述与描写，表示建筑的美丽或它同我们生活的密切。有许多不朽的文学作品更是特地为了颂扬或纪念我们建筑的伟大而作的。

最近在"解放了的中国"的镜头中，就有许多令人肃然起敬，令人骄傲，令人看着就愉快的建筑，那样光辉灿烂地同我国伟大的天然环境结合在一起，代表着我们的历史，我们的艺术，我们祖国光荣的文化。我们热爱我们的祖国，我们就不可能不被它们所激动，所启发，所鼓励。

但我们光是盲目地爱我们的文化传统与遗产，还是不够的。我们还要进一步地认识它。我们的许多伟大的匠工在被压迫的时代里，名字已不被人记着，结构工程也不详于文字记载。我们现在必须搞清楚我们建筑在工程和艺术方面的成就，它的发展，它的优点与成功的原因，来丰富我们对祖国文化的认识。我们更要懂得怎样去重视和爱护我们建筑的优良传统，以促进我们今后承继中国血统的新创造。

我们祖先的穴居

我们伟大的祖先在中华文化初放曙光的时代是"穴居"的。他们利用地形和土质的隔热性能，开出洞穴作为居住的地方。这方法，就在后来文化进步过程中也没有完全舍弃，而且不断地加以改进。从考古家所发现的周口店山洞，安阳的袋形穴……到今天华北、西北都还普遍的窑洞，都是进步到不同水平的穴居的实例。砖筑的窑洞已是很成熟的建筑工程。

我们的祖先创造了骨架结构法——一个伟大的传统

在地形、地质和气候都比较不适宜于穴居的地方，我们智慧的祖先很早就利用天然材料——主要的是木料、土与石——稍微加工制作，构成了最早的房屋。这种结构的基本原则，至迟在公元前一千四五百年间大概就形成了的，一直到今天还沿用着。《诗经》《易经》都同样提到这样的屋子，它们起了遮蔽风雨的作用。古文字流露出前人对于屋顶像鸟翼开展的形状特别表示满意，以"作庙翼翼""如鸟斯革，如翚斯飞"等句子来形容屋顶的美。一直到后来的"飞甍""飞檐"的说法也都指示着瓦部"翼翼"的印象，使我们有"瞻栋宇而兴慕"之慨。其次，早期文字里提到的很多都是木构部分，大部都是为了承托梁栋和屋顶的结构。

这个骨架结构大致说来就是：先在地上筑土为台；台上安石础，立木柱；柱上安置梁架，梁架和梁架之间以枋将它们牵联，上面架檩，檩上安椽，做成一个骨架，如动物之有骨架一样，以承托上面的重量。在这构架之上，主要的重量是屋顶与瓦檐，有时也加增上层的楼板和栏杆。柱与柱之间则依照实际的需要，安装门窗。屋上部的重量完全由骨架担负，墙壁只作间隔之用。这样使门窗绝对自由，大小有无，都可以灵活处理。所以同样的立这样一个骨架，可以使它四面开敞，做成凉亭之类，也可以垒砌墙壁作为掩蔽周密的仓库之类。而寻常房屋厅堂的门窗墙壁及内部的间隔等，则都可以按其特殊需要而定。

从安阳发掘出来的殷墟坟宫遗址，一直到今天的天安门、太和殿以及千千万万的庙宇民居农舍，基本上都是用这种骨架结构方法的。因为这样的结构方法能灵活适应于各种用途，所以南至越南，北至黑龙江，西至新疆，东至朝鲜、日本，凡是中华文化所及的地区，在极端不同的气候之下，这种建筑系统都能满足每个地方人民的各种不同的需要。这骨架结构的方法实为中国将来的采用钢架或钢筋混凝土的建筑具备了适当的基础和有利条件。我们知道，欧洲古典系统的建筑是采取垒石制度的。墙的安全限制了窗的面积，窗的宽大会削弱了负重墙的坚固。到了应用钢架和钢筋混凝土时，这个基本矛盾才告统一，开窗的困难才彻底克服了。我们建筑上历来窗的部分与位置同近代所需要的相同，就是因为骨架结构早就有了灵活的条件。

中国建筑制定了自己特有的"文法"

一个民族或文化体系的建筑，如同语言一样，是有它自己的特殊的"文法"与"语汇"的。它们一旦形成，则成为被大家所接受遵守的方法的纲领。在语言中如此，在建筑中也如此。中国建筑的"文法"和"语汇"据不成熟的研究，是经由这样酝酿发展而形成的。

我们的祖先在选择了木料之后逐渐了解木料的特长，创始了骨架结构初步方法——中国系统的"梁架"。在这以后，经验使他们也发现了木料性能上的弱点。那就是当水平的梁枋将重量转移到垂直的立柱时，在交接的地方会发生极强的剪力，那里梁就容易折断。于是他们就使用一种缓冲的结构来纠正这种可以避免的危险。他们用许多斗形木块的"斗"和臂形的短木"拱"，在柱头上重*而上，愈上一层的拱就愈长，将上面梁枋托住，把它们的重量一层层递减地集中到柱头上来。这个梁柱间过渡部分的结构减少了剪力，消除了梁折断的危机。这种斗和拱组合而成的组合物，近代叫作"斗拱"。见于古文字中的，如栌、如栾，等等，我们虽不能完全指出它们是斗拱初期的哪一类型，但由描写的专词与句子和古铜器上的图画看来，这种结构组合的方法早就大体成立。所以说是一种"文法"。而斗、拱、梁、枋、椽、檩、楹柱、棂窗等，也就是我们主要的"语汇"了。

　　至迟在春秋时代，斗拱已很普遍地应用，它不

---

* 原文此处缺一字。

惟可以承托梁枋，而且可以承托出檐，可以增加檐向外挑出的宽度。《孟子》里就有"榱题数尺"之句，意思说檐头出去之远。这种结构同时也成为梁间檐下极美的装饰，由于古文不断地将它描写，看来也是没有问题的。唐以前宝物，以汉代石阙与崖墓上石刻的木构部分为最可靠的研究资料。唐时木建还有保存到今天的，但主要的还要借图画上的形象。可能在唐以前，斗拱本身各部已有标准化的比例尺度，但要到宋代，我们才确实知道斗拱结构各种标准的规定。全座建筑物中无数构成材料的比例尺度就都以一个拱的宽度作度量单位，以它的倍数或分数来计算的。宋时且把每一构材的做法，把天然材料修整加工到什么程度的曲线，榫卯如何衔接等都规格化了，形成类似文法的规矩。至于在实物上运用起来，却是千变万化，少见有两个相同的结构。惊心动魄的例子，如蓟县独乐寺观音阁三层大阁和高二十丈的应州木塔的结构，都是近于一千年的木构，当在下文建筑遗物中叙述。

在这"文法"中各种"语汇"因时代而改变，"文法"亦略更动了，因而决定了各时代的特征。但在基本上，中国建筑同中国语言文字一样，是血脉相承，赓续演变、反映各种影响及所吸取养料，从没有中断过的。

内部斗拱梁架和檐柱上部斗拱组织是中国建筑工程的精华。由观察分析它们的作用和变化，才真真认识我们祖先在掌握材料的性能、结构的功能上有多么伟大的成绩。至于建造简单的民居，劳动人民多会立柱上梁；技术由于规格化的简便更为普遍。梁架和斗拱都是中国建筑所独具的特征，在工匠的术书中将这部分称它作"大木作做法"。

中国建筑的"文法"中还包括着关于砖石、墙壁、门窗、油饰、屋瓦等方面，称作"石作做法""小木作做法""彩画作做法"和"瓦作做法"等。屋顶属于"瓦作做法"，它是中国建筑中最显著，最重要，庄严无比美丽无比的一部分。但瓦坡的曲面，翼状翘起的檐角，檐前部的"飞椽"和承托出檐的斗拱，给予中国建筑以特殊风格和无可比拟的杰出姿态的，都是内中木构所使然，是我们木工的绝大功绩。因为坡的曲面和檐的曲线，都是由于结构中的"举架法"的逐渐垒进升高而成，不是由于矫揉造作或歪曲木料而来。盖顶的瓦，每一种都有它的任务，有一些是结构上必需部分而略加处理，便同时成为优美的瓦饰。如瓦脊、脊吻、垂脊、脊兽等。

油饰本是为保护木材而用的。在这方面中国工匠充分地表现出创造性。他们敢于使用各种颜色在梁枋上作妍丽繁复的彩绘，但主要的却用属于青绿系统的"冷色"而以金为点缀，所谓"青绿点金"，各种格式。柱和门窗则限制到只用纯色的朱红或黑色的漆料，这样建筑物直接受光面同檐下阴影中彩绘斑斓的梁枋斗拱更多了反衬的作用，加强了檐下的艺术效果。彩画制度充分地表现了我们匠师使用颜色的聪明。

其他门窗即"小木作"部分，墙壁台基"石作"部分的做法也一样由于积累的经验有了谨严的规制，也有无穷的变化。如门窗的刻镂、石座的雕饰，各个方面都有特殊的成就。工程上虽也有不可免的缺点，但中国一座建筑物的整体组合，绝无问题的，是高度成功的艺术。

至于建筑物同建筑物间的组合，即对于空间的处理，我们的祖先更是表现了无比的智慧。我们的平面部署是任何其他建筑所不可及的。院落组织是我们在平面上的特征。无论是住宅、宫署、寺院、宫廷、商店、作坊，都是由若干主要建筑物，如殿堂、厅舍，加以附属建筑物，如厢耳、廊庑、院门、围墙等周绕联络而成一院，或若干相连的院落。这种庭院，事实上，是将一部分户外空间组织到建筑范围以内。这样便适应了居住者对于阳光、空气、花木的自然要求，供给生活上更多方面的使用，增加了建筑的活泼和功能。一座单座庞大的建筑物将它内中的空间分划使用，无论是如何的周廊复室，建筑物以内同建筑物以外是隔绝的，断然划分的。在外的觉得同内中隔绝，可望而不可即，在内的觉得像被囚禁，欲出而不得出，使生活有某种程度的不自然。直到最近欧美建筑师才注意这个缺点，才强调内外联系打成一片的新观点。我们数千年来则无论贫富，在村镇或城市的房屋没有不是组成院落的。它们很自然地给了我们生活许多的愉快，而我们在习惯中，有时反不会觉察到。一样在一个城市部署方面，我们祖国的空间处理同欧洲系统的不同，主要也是在这种庭院的应用上。今天我们把许多市镇中衙署或寺观前的庭院改成广场是很自然的。公共建筑物前面的院子，就可以成护卫的草地区，也很合乎近代需要。

我们的建筑有着种种优良的传统，我们对于这些要深深理解，向过去虚心学习。我们要巩固我们传统的优点，加以发扬光大，在将来创造中灵活运用，基本保存我们的特征。尤其是在被帝国主义文化侵略数十年之后，我们对文化传统或有些隔膜，今天必须多观摩认识，才会更丰富地体验到、享受到我们祖国文化的特殊的光荣的果实。

千年屹立的木构杰作

几千年来，中华民族的建筑绝大部分是木构的。但因新陈代谢，现在已很难看到唐宋时代完整的建筑群，所见大多是硕果仅存的单座建筑物。

国内现存五百年以上的木构建筑虽还不少；七八百年以上，已经为建筑史家所调查研究过的只有三四十处；千年左右的，除去敦煌石窟的廊檐外，在华北的仅有两处依然完整地健在。我们在这里要首先提到现存木构中最古的一个殿。

五台山佛光寺　山西五台山豆村镇佛光寺的大殿是唐末会昌年间毁灭佛法以后，在公元857年重建的。它已是中国现存最古的木构*，它依据地形，屹立在靠山坡筑成的高台上。柱头上有雄大的斗拱，在外面挑着屋檐，在内部承托梁架，充分地发挥了中国建筑的特长。它屹立一千一百年，至今完整如初，证明了它的结构工程是如何科学的，合理的，这个建筑如何的珍贵。殿内梁下还有建造时的题字，墙上还保存着一小片原来的壁画，殿内全部三十几尊佛像都是唐末最典型最优秀的作品。在这一座殿中，同时保存着唐代的建筑、书法、绘画、雕塑四种艺术，精华荟萃，实是文物建筑中最重要、最可珍贵的一件国宝。殿内还有两尊精美的泥塑写实肖像，一尊是出资建殿的女施主宁公遇，一尊是当时负责重建佛光寺的愿诚法师，脸部表情富于写实性，且是研究唐末服装的绝好资料。殿阶前有石幢，刻着建殿年月，雕刻也很秀美。

蓟县独乐寺　次于佛光寺最古的木建筑是河北蓟县独乐寺的山门和观音阁。公元984年建造的建筑群，竟还有这门阁相对屹立，至今将近千年了。山门是一座灵巧的单层小建筑，观音阁却是一座庞

---

* 　梁思成先生撰写此文时，南禅寺尚未发现。

大的重层（加上两主层间的"平座"层，实际上是三层）大阁。阁内立着一尊六丈余高的泥塑十一面观音菩萨立像，是中国最大的泥塑像，是最典型的优秀辽代雕塑。阁是围绕着像建造的。中间留出一个"井"，平座层达到像膝，上层与像胸平，像头上的"花冠"却顶到上面的八角藻井下。为满足这特殊需要，天才的匠师在阁的中心留出这个"井"，使像身穿过三层楼；这个阁的结构，上下内外，因此便在不同的部位上，按照不同的结构需要，用了十几种不同的斗拱，结构上表现了高度的"有机性"，令后世的建筑师们看见，只有瞠目结舌的惊叹。全阁雄伟魁梧，重檐坡斜舒展，出檐极远，所呈印象，与国内其他任何楼阁都不相同。

应县木塔　再次要提到的木构杰作就是察哈尔*应县佛宫寺的木塔。在桑干河的平原上，离应县县城十几里，就可以望见城内巍峨的木塔。塔建于1056年，至今也将近九百年了。这座八角五层（连平座层事实上是九层）的塔，全部用木材骨架构成，连顶上的铁刹，总高六十六公尺余，整整二十丈。

---

* 1949—1952年间，应县属察哈尔省，现属山西省。

上下内外共用了五十七种不同的斗拱，以适合结构上不同的需要。唐代以前的佛塔很多是木构的，但佛家的香火往往把它们毁灭，所以后来多改用砖石。到了今天，应县木塔竟成了国内唯一的孤例。由这一座孤例中，我们看到了中国匠师使用木材登峰造极的技术水平，值得我们永远地景仰。塔上一块明代的匾额，用"鬼斧神工"四个字赞扬它，我们看了也有同感。

我们的祖先同样地善用砖石

在木构的建筑实物外，现存的砖工建筑有汉代的石阙和石祠，还有普遍全国的佛塔和不少惊人的石桥，应该做简单介绍的叙述。

汉朝的石阙和石祠　阙是古代宫殿、祠庙、陵墓前面甬道两旁分立在左右的两座楼阁形的建筑物。现在保存最好而且最精美的阙莫过于西康雅安的高颐墓阙和四川绵阳的杨府君墓阙。它们虽然都是石造的，却全部模仿木构的形状雕成。汉朝木构的法式，包括下面的平台，阙身的柱子，上面重叠的枋椽，以及出檐的屋顶，都用高度娴熟精确的技术表现出来。它们都是最珍贵的建筑杰作。

山东嘉祥县和肥城县还有若干汉朝坟墓前的"石室"，它们虽然都极小极简单，但是还可以看出用柱、用斗和用梁架的表示。

我们从这几种汉朝的遗物中可以看出中国建筑所特有的传统到了汉朝已经完全确立，以后世世代代的劳动人民继续不断地把它发扬光大，以至今日。这些陵墓的建筑物同时也是史学家和艺术家研究汉代丧葬制度和艺术的珍贵参考资料。

嵩山嵩岳寺砖塔　佛塔已几乎成了中国风景中一个不可缺少的因素。千余年来，它们给了辛苦勤劳、受尽压迫的广大人民无限的安慰，春秋佳日，人人共赏，争着登临远眺。文学遗产中就有数不清的咏塔的诗。

唐宋盛行的木塔已经只剩一座了，砖石塔却保存得极多。河南嵩山嵩岳寺塔建于公元520年，是国内最古的砖塔，也是最优秀的一个实例。塔的平面作十二角形，高十五层，这两个数目在佛塔中是特殊的孤例，因为一般的塔，平面都是四角形、六角形，或八角形，层数至多仅到十三。这塔在样式的处理上，在一个很高的基座上，是一段高的塔身，再往上是十五层密密重叠的檐。塔身十二角上各砌作一根八角柱，柱础柱头都作莲瓣形。塔身垂直的柱与上面水平的檐层构成不同方向的线路，全塔的轮廓是一道流畅和缓的抛物线形，雄伟而秀丽，是最高艺术造诣的表现。

由全国无数的塔中，我们得到一个结论，就是中国建筑，即使如佛塔这样完全是从印度输入的观念，在物质体形上却基本是中华民族的产物，只在雕饰细节上表现外来的影响。《后汉书·陶谦传》所叙述的"浮图"（佛塔）是"下为重楼，上叠金盘"。重楼是中国原有的多层建筑物，是塔的本身，金盘只是上面的刹，就是印度的"窣堵坡"。塔的建筑是中华文化接受外来文化影响的绝好的结晶。塔是我们把外来影响同原有的基础结合后发展出来的产物。

赵州桥 中国有成千成万的桥梁，在无数的河流上，便利了广大人民的交通，或者给予多少人精神上的愉悦，有许多桥在中国的历史上有着深刻的意义。长安的灞桥，北京的卢沟桥，就是卓越的例子。但从工程的技术上说，最伟大的应是北方无人不晓的赵州桥。如民间歌剧《小放牛》里的男角色问女的："赵州桥，什么人修？"绝不是偶然的。它的工程技巧实在太惊人了。

这座桥是跨在河北赵县洨水上的。跨长三十七公尺有余（约十二丈二尺），是一个单孔券桥。在中国古代的桥梁中，这是最大的一个弧券。然而它的伟大不仅在跨度之大，而在大券两端，各背着两个小券的做法。这个措置减少了洪水时桥身对水流的阻碍面积，减少了大券上的荷载，是聪明无比的创举。这种做法在欧洲到1912年才初次出现，然而隋朝（公元581—618年）的匠人李春却在一千三百多年前就建造了这样一座桥。这桥屹立到今天，仍然继续便利着来往的行人和车马。桥上原有唐代的碑文，特别赞扬"隋匠李春""两涯穿四穴"的智巧；桥身小券内面，还有无数宋金元明以来的铭刻，记载着历代人民对他的敬佩。"李春"两个字是中国工程史中永远不会埋没的名字，每一位桥梁工程师都应向这位一千三百年前伟大的天才工程师看齐！

索桥　铁索桥　竹索桥　这些都是西南各省最熟悉的名称。在工程史中，索桥又是我们的祖先对于人类文化史的一个伟大贡献。铁链是我们的祖先发明的，他们的智慧把一种硬直顽固的天然材料改变成了柔软如意的工具。这个伟大的发明，很早就被应用来联系河流的阻隔，创造了索桥。除了用铁之外，我们还就地取材，用竹索作为索桥的材料。

灌县竹索桥在四川灌县，与著名的水利工程都江堰同样著名，而且在同一地点上的，就是竹索桥。在宽三百二十余公尺的岷江面上，它像一根线那样，把两面的人民联系着，使他们融合成一片。

在激湍的江流中，勇敢智慧的工匠们先立下若干座木架。在江的两岸，各建桥楼一座，楼内满装巨大的石卵。在两楼之间，经过木架上面，并列牵引十条用许多竹篾编成的粗巨的竹索，竹索上面铺板，成为行走的桥面。桥面两旁也用竹索做成栏杆。

西南的索桥多数用铁，而这座索桥却用竹。显而易见，因为它巨大的长度，铁索的重量和数量都成了问题，而竹是当地取不尽、用不竭，而又具有极强的张力的材料；重量又是极轻的。在这一点上，又一次证明了中国工匠善于取材的伟大智慧。

从古就有有计划的城

自从周初封建社会开始，中国的城邑就有了制度。为了防御邻邑封建主的袭击，城邑都有方形的城郭。城内封建主住在前面当中，后面是市场，两旁是老百姓的住宅。对着城门必有一条大街。其余的土地划分为若干方块，叫做"里"，唐以后称"坊"。里也有围墙，四面开门，通到大街或里与里间的小巷上。每里有一名管理员，叫做"里人"。这种有计划的城市，到了隋唐的长安已达到了最高度的发展。

隋唐的长安首次制定了城市的分区计划。城内中央的北部是宫城，皇帝住在里面。宫城之外是皇城，所有的衙署都在里面，就是首都的行政区。皇城之外是都城，每面开三个门，有九条大街南北东西地交织着。大街以外的土地就是一个一个的坊。东西各有两个市场，在大街的交叉处，城之东南隅，还有曲江的风景。这样就把皇宫、行政区、住宅区、商业区、风景区明白地划分规定，而用极好的道路系统把它们系起来，条理井然。有计划地建造城市，我们是历史上最先进的民族。古来"营国筑室"，即都市计划与建筑，素来是相提并论的。

隋唐的长安，洛阳和许多古都市已不存在，但人民中国的首都北京却是经元、明、清三代，总结了都市计划的经验，用心经营出来的卓越的，典型的中国都市。

北京今日城垣的外貌正是辩证地发展的最好例子。北京在部署上最出色的是它的南北中轴线，由南至北长达七公里余。在它的中心立着一座座纪念性的大建筑物。由外城正南的永定门直穿进城，一线引直，通过整个紫禁城到它北面的鼓楼钟楼，在景山巅上看得最为清楚。世界上没有第二个城市有这样大的气魄，能够这样从容地掌握这样的一种空间概念。更没有第二个国家有这样以巍峨尊贵的纯色黄琉璃瓦顶，朱漆描金的木构建筑物，毫不含糊的、连属组合起来的宫殿与宫廷。紫禁城和内中成百座的宫殿是世界绝无仅有的建筑杰作的一个整体。环绕着它的北京的街型区域的分配也是有条不紊的城市的奇异的孤例。当中偏西的宫苑，偏北的平民娱乐的什刹海，紫禁城北面满是松柏的景山，都是北京的绿色区。在城内有园林的调剂也是不可多得的优良的处理方法。这样的都市不但在全世界里中古时代所没有，即在现代，用最进步的都市计划理论配合，仍然是保持着最有利条件的。

这样一个京城是历代劳动人民血汗的创造，从前一切优美的果实都归统治阶级享受，今天却都回到人民手中来了。我们爱自己的首都，也最骄傲她中间这么珍贵的一份伟大的建筑遗产。

在中国的其他大城市里，完整而调和的，中华民族历代所创造的建筑群，它们的秩序和完整性已被帝国主义的侵入破坏了。保留下来的已都是残破零星，亟待整理的。相形之下北京保存的完整更是极可宝贵的。过去在不利的条件下，许多文物遗产都不必要地受到损害。今天的人民已经站起来了，我们保证尽最大的能力来保护我们光荣的祖先所创造出来可珍贵的一切并加以发扬光大。

（本文原连载于《人民日报》1951年2月19—20日）

中国建筑师

中国的建筑从古以来，都是许多劳动者为解决生活中一项主要的需要，在不自觉中的集体创作。许多不知名的匠师们，积累世世代代的传统经验，在各个时代中不断地努力，形成了中国的建筑艺术。他们的名字，除了少数因服务于统治阶级而得留名于史籍者外，还有许多因杰出的技术，为一般人民所尊敬，或为文学家所记述，或在建筑物旁边碑石上留下名字。

人民传颂的建筑师，第一名我们应该提出鲁班。他是公元前7世纪或公元前6世纪的人物，能建筑房屋、桥梁、车舆以及日用的器皿，他是"巧匠"（有创造性发明的工人）的典型，两千多年来，他被供奉为木匠之神。隋朝（公元581—618年）的一位天才匠师李春，在河北省赵县城外建造了一座大石桥，是世界最古的空撞券桥，到今天还存在着。这桥的科学的做法，在工程上伟大的成功，说明了在那时候，中国的工程师已积累了极丰富的经验，再加上他个人智慧的发明，使他的名字受到地方人民的尊敬，很清楚地镌刻在石碑上。10世纪末叶的著名匠师喻皓，最长于建造木塔及多层楼房。他设计河南省开封的开宝寺塔，先做模型，然后施工。他预计塔身在一百年向西北倾侧，以抵抗当地的主要风向，他预计塔身在一百年内可以被风吹正，并预计塔可存在七百年。可惜这塔因开封的若干次水灾，宋代的建设现在已全部不存，残余遗迹也极少，这塔也不存痕迹了。此外喻皓曾将木材建造技术著成《木经》一书，后来宋代的《营造法式》就是依据此书写成的。

著名画家而兼能建筑设计的，唐朝有阎立德，他为唐太宗计划骊山温泉宫。宋朝还有郭忠恕为宋太宗建宫中的大图书馆——所谓崇文院、三馆、秘阁。

此外史书中所记录的"建筑师"差不多全是为帝王服务、监修工程而著名的。这类留名史籍的人之中，有很多只是在工程上负行政监督的官吏，不一定会专门的建筑技术的，我们在此只提出几个以建筑技术出名的人。

我们首先提出的是公元前3世纪初年为汉高祖营建长安城和未央宫的杨城延，他出身是高祖军队中一名平常的"军匠"，后来做了高祖的将作少府（"将作少府"就是皇帝的总建筑师）。他的天才为初次真正统一的中国建造了一个有计划的全国性首都，并为皇帝建造了多座皇宫，为政府机关建造了衙署。

其次要提的是为隋文帝（公元6世纪）计划首都的刘龙和宇文恺。这时汉代的长安已经毁灭，他们在汉长安附近另外为隋朝计划一个新首都。

在这个中国历史最大的都城里，它们首次实行了分区计划，皇宫、衙署、住宅、商业都有不同的区域。这个城的面积约七十平方公里，比现在的北京城还大。灿烂的唐朝，就继承了这城作为首都。

中国建筑历史中留下专门技术著作的建筑师是11世纪间的李诚。他是"皇帝艺术家"宋徽宗的建筑师。除去建造了许多宫殿、寺庙、衙署之外，他在1100年刊行了《营造法式》一书，是中国现存最古、最重要的建筑技术专书。南宋时监修行宫的王焕将此书传至南方。

13世纪中叶蒙古征服者入中国以后，忽必烈定都北京，任命阿拉伯人也黑迭儿计划北京城，并监造宫殿。马可·波罗所看见的大都就是也黑迭儿的创作。他虽是阿拉伯人，但在部署的制度和建筑结构的方法上都与当时的中国官吏合作，仍然是遵照中国古代传统做的。

在15世纪的前半期中，明朝皇帝重建了元代的北京城，主要的建筑师是阮安。北京的城池，九个城门，皇帝居住的两宫，朝会办公的三殿，五个王府六个部，都是他负责建造的。除建筑外，他还是著名的水利工程师。

在清朝（1616—1912年）二百九十余年间，北京皇室的建筑师成了世袭的职位。在17世纪末，一个南方匠人雷发达应募来北京参加营建宫殿的工作，因为技术高超，很快就被提升担任设计工作。从他起一共七代，直到清朝末年，主要的皇室建筑，如宫殿、皇陵、圆明园、颐和园等都是雷氏负责的。这个世袭的建筑师家族被称为"样式雷"。

20世纪以来，欧洲建筑被帝国主义侵略者带入中国，所以出国留学的学生有一小部分学习欧洲系统的建筑师。他们用欧美的建筑方法，为半殖民地及封建势力的中国建筑了许多欧式房屋。但到1920年前后，随着革命的潮流，开始有了民族意识的表现。其中最早的一个吕彦直，他是孙中山陵墓的设计者。那个设计有许多缺点，无可否认是不成熟的，但它是由崇尚欧化的风气中回到民族形式的表现。吕彦直在未完成中山陵之前就死了。那时已有少数的大学成立了建筑系，以训练中国新建筑师为目的。建筑师们一方面努力于新民族形式之创造，一方面努力于中国古建筑之研究。1929年所成立的中国营造学社中的几位建筑师就是专门做实地调查测量工作，然后制图写报告。他们的目的在将他们的成绩供给建筑学系作教材，但尚未能发挥到最大的效果。解放后，在毛泽东思想领导下，遵循《共同纲领》所指示的方向，正在开始的文化建设的高潮里，新中国建筑的创造已被认为是一种重要的工作。建筑师已在组织自己的中国建筑工程学会，研究他们应走的道路，准备在大规模建设时，为人民的新中国服务。

（本文是为《苏联大百科全书》写的专稿。全文分两部分，第一部分为中国建筑，第二部分为中国建筑师。第一部分的内容于1954年改写成《祖国的建筑》。）

图书在版编目（CIP）数据

为什么研究中国建筑 / 梁思成著. -- 杭州：浙江
人民美术出版社，2025. 1. --（湖山艺丛）. -- ISBN
978-7-5340-5401-3

Ⅰ. TU-862

中国国家版本馆 CIP 数据核字第 2025BT5854 号

策划编辑：郭哲渊
责任编辑：谢沈佳
文字编辑：余泽昊
责任校对：胡晔雯
责任印制：陈柏荣

湖山艺丛

为什么研究中国建筑

梁思成　著

出版发行：浙江人民美术出版社
　　　　　（杭州市环城北路177号）
经　　销：全国各地新华书店
制　　版：杭州真凯文化艺术有限公司
印　　刷：浙江新华数码印务有限公司
版　　次：2025年1月第1版
印　　次：2025年1月第1次印刷
开　　本：787mm×1092mm　1/32
印　　张：4.75
字　　数：80千字
书　　号：ISBN 978-7-5340-5401-3
定　　价：28.00元

如发现印装质量问题，影响阅读，请与出版社营销部联系调换。

湖山艺丛

非翁画语录 陆抑非 著

什么叫做古典的？ 傅雷 著

观画答客问 傅雷 著 寒碧 编

山水画刍议 陆俨少 著

论书随笔 启功 著

学习书法的十三个问题 启功 著

中国山水画简史 王伯敏 著

中国山水画的特点 王伯敏 著

黄宾虹的山水画 王伯敏 著

篆刻艺术的形式美 刘江 著 刘丹 编

文化与书法 欧阳中石 著 欧阳启名 编

书法美之领悟 章祖安 著 金琤 编

笔墨之道 童中焘 著

中国画与中国文化 童中焘 著

书法的形式与创作 胡抗美 著

望境 许江 著

先生 许江 著

架上话 许江 著

书法"新时代"和新思维 陈振濂 著

学院派书法 陈振濂 著